寻味咖啡

王人杰 著

跟着杯测师认识咖啡 36 味

江苏凤凰科学技术出版社

·南京·

图书在版编目（CIP）数据

寻味咖啡 / 王仁杰著. -- 南京：江苏凤凰科学技术出版社，2021.4

ISBN 978-7-5713-1602-0

Ⅰ. ①寻… Ⅱ. ①王… Ⅲ. ①咖啡－基本知识 Ⅳ. ①TS273

中国版本图书馆CIP数据核字(2020)第258823号

中文简体版通过成都天鸢文化传播有限公司代理，经由漫游者文化事业股份有限公司独家授权，限在中国大陆地区出版发行。非经书面同意，不得以任何形式任意复制、转载。

寻味咖啡

著　　　者	王人杰	
责 任 编 辑	祝　萍　　向晴云	
责 任 校 对	杜秋宁	
责 任 监 制	刘文洋	

出 版 发 行	江苏凤凰科学技术出版社
出版社地址	南京市湖南路1号A楼，邮编：210009
出版社网址	http://www.pspress.cn
印　　　刷	佛山市华禹彩印有限公司

开　　　本	718 mm×1 000mm　1/16
印　　　张	13
字　　　数	185 000
版　　　次	2021年4月第1版
印　　　次	2021年4月第1次

标 准 书 号	ISBN 978-7-5713-1602-0
定　　　价	68.00元

图书如有印装质量问题，可随时向我社出版科调换。

记得因为首本咖啡书出版，我来到宜兰的鸣草咖啡，第一次接触到被大家称呼为"草板"的人杰，那次访谈我们喝着咖啡，聊着生活态度。整理书稿的时候我写下了这句："年轻的草板，有着不凡与自由的老灵魂。"

拜读人杰的这本新书《寻味咖啡》，从字里行间里再一次感受到那不凡与自由的老灵魂在对我说话，用他专业的理论，深入浅出地传达了自己对咖啡秉持着自由与开放的态度。

尤其在"品咖啡"的部分，人杰花了很大的篇幅，试图让读者了解："学习喝咖啡不只要向外探索，分辨咖啡的差异，也是一种向内认识自己的旅程"。这是市面上大多数的专业咖啡书籍较少着墨的，却是喝咖啡最大的乐趣。

——咖啡因的地图 / ELSA

第一次见到人杰，并不是在店内吧台或咖啡桌上，而是在某座浅山森林里。当时我正经营一间早餐咖啡馆，人杰则在某知名自烘店担任烘豆师，喜爱自然山林的我们因缘际会碰到了一块儿。同样在咖啡领域努力，人杰很快便展现出他在味觉上的敏锐细腻，以及对于冲煮表现和咖啡烘焙的热情，他的咖啡有种说不出来的黏人感，像是森林中埋藏在落叶下的黑土一般。

一位山林咖啡师会怎么谈论咖啡呢？我期待着。

——山屋野事主人 / 李明峰

市面上不乏咖啡书籍。

一路专攻咖啡：早年多是职人的开店与技术教学，近年则新兴科学研究解析风潮，读者设定偏向从业人员或是玩家；另一路则以咖啡馆为主：跨旅游、设计领域，或是更深刻地探讨故事人情、历史，以窥人文精神。

本书谈的是专业咖啡，却从普通人的观点切入，本书三大章"品、选、煮"的顺序，正是我们每个人从饮用、消费到玩咖啡的认识路径。

一种兼具人文精神与技术专业的新型咖啡书写正在诞生。

——Aura微光咖啡负责人 / 余知奇

咖啡的品饮能力和冲煮技术均介于科学与艺术之间，其神秘又迷人的丰富知识让爱好者们深深着迷、不可自拔，因为知识而更懂品饮，因为品饮而更懂冲煮，是精品咖啡的独特韵味。人杰的这本书从品饮入手，延伸到咖啡知识、冲煮观念，并以咖啡业界的现况和普通消费者的认知误区佐证，为精品咖啡的学习者提供了难度适中的"寻味"架构，同时不忘时时提醒：以自身经验为本的品饮心法，可说是中肯而切合实际，深得我心。

——vvcafe精品咖啡资讯 / 陈冠哲（学长）

认识人杰是在一个很特别的咖啡分享活动，当时从与他的互动中就感受到他对于咖啡的热情，跟我认识的其他年轻人有很大的不同，之后去拜访了他建构起的咖啡馆，更确定了他心中有着对咖啡产业强烈而独特的热情。

在咖啡浪潮的推动下，现今的咖啡产业不断地变化，咖啡越来越融入大家的生活当中，许多观点都不断更新、改变，所以用消费者更容易理解的方式引导他们爱上咖啡，我认为才是最好的推广模式。人杰用他特别的方式将其在书里面完全地呈现出来。所以，我相信所有想要开始接触咖啡、了解咖啡的人，都可以借由这本书，燃起对咖啡的热情，收获丰富的咖啡知识。

——GABEE. 创办人 / 林东源

近十年来精品咖啡在全球快速发展，促成了咖啡艺术文化的形成，为了品味好咖啡，越来越多的爱好者开始追求世界各国更高等级的精制咖啡豆，并学习相关知识与技能。

王人杰老师多年来致力于推广精品咖啡，与咖啡爱好者交流精品咖啡与意大利咖啡的知识与技术，以推广优质的品味文化为目标。王人杰老师通过多年的学习与观察，把一杯咖啡的感动与秘密，无私地撰写成包含感官、品味、认识咖啡风味、现今的意式咖啡、精品与单品的差异、咖啡知识与冲泡技术等内容的专业书籍，为咖啡爱好者提供了更多的认知角度，相信本书的读者能从中收获颇多的咖啡知识，提升咖啡品味。

——棨杨餐饮 J.Coffee School 创办人 / 甄启强Johnson

（以上推荐依姓氏笔画顺序排列）

CONTENTS
目录

第一章
品咖啡

第二章
选咖啡

第三章
煮咖啡

享受一杯有灵魂的咖啡，从品味开始

用咖啡推开品味的大门

直到现在，我还记得头一次喝到"真正的咖啡"带给我的震撼。在喝下去的那一刻我不禁怀疑："这真的是咖啡吗？"喝过以后我才知道，在那之前其实我并不认识咖啡。以前我觉得咖啡就是有"咖啡味"的饮料，如果要我去形容它，顶多只能用"很浓郁"或者"好香的咖啡"来表达。这杯咖啡打破了我对咖啡固有的认识，意外地发现自己的味觉经验是多么匮乏，因为它远不止于"咖啡味"。一连串的惊讶都从这杯咖啡开始。

我发现咖啡虽然很贴近我们的生活，但大家对它的认知还停留在"咖啡就是咖啡味啊"的层面。因为大部分喝咖啡的人都是为了相同的目的——提神、消除疲劳，如果只是为了提神，其实并不会关心口中的味道。是不是因为我们从来只懂牛饮，所以才会觉得咖啡只有"咖啡味"？我们并没有想过要以"品味"的心情去感受咖啡？这些年咖啡教会我——咖啡除了提神的功能之外，还能成为生活美学的一部分，帮助我们提升品味。

什么是品味呢？这好像是一个很抽象的概念，一般人或许认为，品味就是用很多钱买昂贵的品牌，来彰显自己的身份与生活的品质。但选择高级的品牌就会有品味吗？如果我们回看早些年的台湾地区，就会发现当时有不少的富豪努力学习如何变得"有品味"。这些人花着大笔的钱，买最好的车，请享誉世界的大师设计房子，衣、食、住、行各方面都彰显出高档的物质水平，他们想通过这样的方式培养品味，也希望借由这些"高、大、上"的气派物件，让别人觉得他们是有品味的人。

我曾在贩售茶叶的商店里见过这些人走进去劈头就说："把你们最贵的茶叶拿出来！"他们也不太关心茶叶的产地、制作的工序，只是觉得喝得起顶级的茶叶就能称得上有品味。同样，如果一个人喝了很多的咖啡，甚至把世界上最昂贵的咖啡当水喝，是不是就算得上懂品味咖啡呢？

遗憾的是，这些都不能算得上品味，因为真正的品味只能通过自己的独立思考产生。所有昂贵的商品都是由他人来制定价格，如果只是依照商品的价格来判断它的价值的话，这样的品味永远是随波逐流，变成"一窝蜂式"或者"炫富型"的消费。

盲目的消费会带来什么结果呢？咖啡历史上有名的"夏威夷可娜（Kona）咖啡造假事件"就是一个例子。以前，像"蓝山咖啡""夏威夷可娜""圣海伦纳咖啡"都是顶级咖啡的代名词，但凡一个对咖啡有些了解的人都会以喝到这些咖啡而感到骄傲。然而，当越来越多的人喜欢咖啡之后，这些顶级咖啡就因为成了"有品味的代表"而变得奇货可居。人们想要借由喝顶级咖啡，来彰显自己的品味。只要市场有需求，商人就像千里外嗅到血腥味的鲨鱼一样聚拢过来。然而，当产量无法满足日渐膨胀的市场需求时，就有从业者选择铤而走险，把来自中南美洲的平价咖啡混入了高级的可娜咖啡里头，以可娜咖啡的名义贩售给消费者。东窗事发后，贩售这些假可娜咖啡的从业者被判了刑，他们当然罪有应得，但最无辜的莫过于被蒙在鼓里的消费者，以及认真种植咖啡的农民。夏威夷可娜咖啡从此蒙上了一层阴影，再怎么去洗白都无法摆脱造假的不良记录。

品味的真谛

滥竽充数的事我们屡见不鲜，也常碰到"挂羊头卖狗肉"的事情。事实上，我们不可能遏止商场上的利欲熏心，但是拥有品味，我们能在一定程度上避免这样的情形发生在自己身上。有品味不代表固执己见，不听别人的意见，而是你真的知道什么是好的，什么是不好的，不会因为大家都说好，你就觉得很好。

真正的有品味是做自己，为自己做决定，找到最符合自己的衣、食、住、行的风格或方式。当我们说"这个人住得很有品味"，不是说这个人住在豪宅，他所有室内的装潢都是请最有名的设计师设计的，所以说他有"品味"，而是觉得这个人对自己的生活品质有要求。他或许喜欢多一点的自然元素，所以选择了比较多的木制家具；他也可能喜欢比较现代感的空间，所以选择了大理石的地板或桌子。我们不会觉得，木制家具比较多的房子的主人，比大理石家具比较多的房子的主人有品味。这两种选择都代表了一种品味，一种对自己生活的思考与价值判断。

　　一个人穿得有品味，有没有可能全身没有一件名牌？这是有可能的。他或许喜欢户外运动，所以在衣物的选择上喜欢透气的棉麻制品；他或许喜欢简单，所以穿着比较朴素。品味也包含了合适性的问题，比方说生活在台

湾地区南岛海洋附近的雅美人，因为时常要下海的关系，所以他们的部落服饰都是剪裁得比较利落的短裤、丁字裤。你会觉得在兰屿穿着阿玛尼的长袖西装是一件有品味的事情吗？

怎样算得上喝咖啡很有品味？我们可能觉得冲煮比赛的第一名很会煮咖啡，烘豆比赛的第一名很会烘咖啡，那怎样的人很会喝咖啡？是能够喝出很多种咖啡差异的人，还是能够精准评断咖啡价值进而知道它的价格的人？我觉得这些说法都对，但都不完善。能够分辨差异、好坏，当然是品味的重要构成条件，但是不要忘记，品味是针对每一个活生生的人，每个独立的个体的。建立品味，你要先学习辨别客观上的差别，接着你要融入个人的思考与判断，最后产生了一种选择。这其中每一个环节都做到，才算得上喝咖啡有品味。

这就代表不是只有喝艺伎咖啡才叫有品味，喝曼特宁咖啡一样可以有品味。品味没有标准答案，每一种选择都代表了一种品味。艺伎咖啡可能在价格上高出曼特宁咖啡很多倍，但是有些味道和口感可能只存在于曼特宁咖啡里，如果我喜欢这些特定的风味和口感胜过艺伎咖啡，那我为什么一定要随众喜欢艺伎咖啡不可？学习喝咖啡不只要向外探索，分辨咖啡的差异，也是一段向内认识自己的旅程，除了一点一滴逐步累积味觉的经验"里程数"，也要问自己喜欢什么，为什么喜欢。

蒋勋在《感觉十书》里写过："一首乐曲、一首诗、一部小说、一出戏剧、一张画，像是不断剥开的洋葱，一层一层打开我们的视觉、听觉，打开我们眼、耳、鼻、舌、身的全部感官记忆，打开我们生命里全部的心灵经验。"品味咖啡的过程似乎也是这样,我觉得真正的咖啡,是有灵魂的。如果你能用心感受,咖啡会帮助你启动感官,让我们与世界某一方土地产生联结。就像最好的品酒师可以听懂红酒所吐露的秘密,能够在盲饮的情况下分辨葡萄的品种、生长的年份、采收的季节、生长的地方是面向阳光还是背向阳光。一杯咖啡也可以让我们知道它是从哪里来,长在什么样的土壤里,在什么样的气候下生长,有没有被好好地照顾,是不是烘焙得宜……

真正的咖啡带有生命,会有自己的个性,不仅会因为产地不同而风味不同,也会反映每一年环境气候的改变。其实,只要是从土壤里长出来的食物经过天地长养,都会忠实地呈现出应有的风土特色(Terrior),葡萄酒如是,茶如是,咖啡亦如是。蔡珠儿在《酗芒果》里讲得贴切:"每颗芒果都是一部迷你的地方志,抄录当地的土质、季风和水……除了香和甜,我还吞进各种经纬的热带阳光。"是的,你不仅仅是在喝那杯咖啡,你同时是在和生养那杯咖啡的"天、地、人"对话。

第一章
品咖啡

　　我相信大多数的读者不是为了冲煮出100分的咖啡，或想要成为冲煮冠军才学习冲煮咖啡的。既然如此，就更应该回到品咖啡这件事情上，借由训练感官品尝咖啡，摸索出自己喜欢的咖啡风味，并且探索出自己的冲煮风格。

　　学咖啡不一定要花钱去上很多的咖啡课，拿到咖啡执业资格证才叫学咖啡，也不是购买很多昂贵的咖啡器材，才能煮好咖啡。我的经验是多去喝咖啡，多欣赏不同的冲煮方法，找出自己喜欢的、对味的咖啡，然后再去学习创造出类似的味道。无论是用多名贵的咖啡，还是多稀有的咖啡豆，一杯咖啡的价值只产生在它被饮用之后。你煮咖啡也是为了喝咖啡，无论今天喝咖啡的对象是你的朋友还是自己，你终究是为了"喝"才去"煮"，不是吗？

先学咖啡吗？
不，先有品味吧！

　　我常常有一种感觉，每当我享受了一杯有灵魂的咖啡之后，会觉得整个五官就像大雨之后的天际线一样洁净。我的味蕾与嗅觉像是重新归零，吃东西的时候都变得特别敏锐。有灵魂的咖啡就像久违的长假一样，帮助我们把整个品味节奏放慢下来。品味咖啡，其实不是艰深的美学，就算没有专业人士的敏锐感官，只要稍微静下心来去感受，也可以聆听到咖啡灵魂的呢喃，就像那句著名的广告词："再忙，也要跟你喝一杯咖啡。"品味咖啡不仅是调剂生活，同时也是一种生活的态度。

拥有品味的条件：一颗从容的心

　　品味咖啡需要有较强的专注力与觉察力。你的心就好比一个杯子，如果里面已经装满了繁忙与急促，纵使再好的咖啡，也什么都感觉不到。真正的悠闲是一种状态，即使身处非常忙碌的生活中，你也可以拥有。在悠闲的状态下，你才能感受出咖啡的味道。假若心一直都在很忙碌的状态，喝咖啡要你说出味道，就好像在时速300千米的高铁上要看清车窗外店铺招牌写的字一样，很难做到。但是，其实你看得见，只要你能慢下来。品味咖啡也是如此，放慢你的心，就可以感受杯中的千香百味。

　　我见过许多人为自己没有喝出咖啡的风味而烦恼。其实品味咖啡不是比赛，不用比谁喝出的风味比较多，谁又将风味辨别得比较准确。品味是一场极其私密的小旅行，有的时候闻到某种味道会牵连起某段人生记忆，那种联结可能比看照片带来的感受强烈得多。今天你在咖啡里发现的一种味道可能像你小时候吃的豆腐乳，那它就是属于你的独一无二的品味，没有人能说你是错的。也许，相同的味道对于另一个人来说比较像哈密瓜或酒酿桂圆的味道。请放下得失心以及标准答案，把品味咖啡当作没有目的的探险，而不是人生的某次竞赛考试。

学着煮好一杯咖啡

很多人会把学红酒跟学咖啡类比，确实，在很多方面红酒跟咖啡有相似之处，但学咖啡跟学红酒最大的分歧点在于——学红酒，一般来说是指学习欣赏红酒、品尝红酒，所有的技术与知识关注点都在品尝本身，因为决定红酒风味的主要是酿酒师、葡萄酒庄园。红酒比较像艺术品，作品被创作者完

成，消费者只是通过"评论""鉴赏"参与其中。学咖啡不一样，学咖啡也有品尝和鉴赏，但是咖啡的风味并不仅仅被生产端决定，恰恰相反，消费者可以通过自己冲煮，参与风味的创作过程，并且对风味产生决定性影响。我认为，学咖啡更像在学茶，虽然咖啡不像茶一样拥有深厚的精神内涵——茶道，但是学咖啡跟学茶一样，最好玩的地方在于，你既可以跳出创作，作为一个评论者，也可以"下场"亲自参与创作。这种开放性绝对是让咖啡风靡世界的原因之一。

以往台湾地区的咖啡文化受到日本"匠师文化"的精神影响，大部分的技术与知识都是在封闭的系统里，由最熟练、最资深的师傅们掌握着。每家咖啡店可能都藏着一套自己的咖啡哲学与冲煮秘诀，这些秘诀与观念不轻易分享给同行，更别谈消费者。就算要训练一个咖啡师，也是通过口传心授、以心传心的东方职人教育模式。但近几年随着欧美咖啡文化的强势渗透，咖啡教学通过简单易懂的理论、逻辑与系统化的教学，把所有关于咖啡的知识与经验化整为零，分成一个个单元、类别进行教授。以前，要培养一个合格的咖啡师也许要两到三年的时间，但现在借由整合过的系统教学，咖啡师的养成期缩短到三个月至半年。姑且不论这两种教育方法的得失优劣，至少在分享咖啡、学习咖啡这件事情上，资讯是越来越透明化，越来越具有开放性与系统性。

注意到了吗？欧美式的咖啡训练主要依靠规则、逻辑以及数据，它让一切的咖啡冲煮像在驾驶舱操作仪器一样，什么时候该踩油门，什么时候该刹车，什么时候该转方向盘都有规则可循。这套方法让一个门外汉也能快速上手，他只要看着温度计、电子秤，在指定的时间里把目标咖啡量冲煮出来，就能冲煮出想要的咖啡。

日式的咖啡训练则有着类似于茶道中的人文精神，有一种一期一会的感觉。在日式咖啡文化中，咖啡是用活生生的植物制作的，根据咖啡果实生长、咖啡豆烘焙的新鲜程度的变化，要有相对应的冲煮方法。所以这种咖啡文化的训练方式要求咖啡师要有大量的练习经验，倘若没有足够的经验和感受，很多时候会无法分辨一些细微上的不同，没有能力分辨细节处的差异，就代表你无法针对这个差异去调整你的冲煮方法。

欧美系统的咖啡训练可以帮助整个产业更快速地训练出能够服务客人的咖啡师，也让很多的初学者有一个比较浅显易懂的冲煮指南。然而，我觉得日式职人这种蕴含人文精神的训练方式也不可以缺乏，因为对于咖啡师来说，强化感官与鉴别能力，能够帮助你更灵活地处理咖啡，也会变得更有创造性。

只有不断尝试，好咖啡才会诞生

"一种理想的冲煮方式可能是煮坏一百杯咖啡所积累的成果。"这句话真的一点都没有夸张，因为每个细节都可以影响咖啡的风味，我们很难只凭一次冲煮就断定风味的成因。所以我们会用"troubleshooting"（故障排除）的方法玩咖啡，一次只改变一个因素，试试看这个因素会对冲煮结果造成什么影响。比如，我们刚刚改变了温度，在煮法、咖啡豆、研磨刻度、浓度都一样的情形下，调高温度跟调低温度有影响吗？这杯咖啡，老板说水温88℃能够煮出好喝的味道，那水温89℃时会不一样吗？你家里使用的磨豆机跟咖啡厅的不一样，用的手冲滤杯也跟咖啡厅不一样，有没有可能在你家里可以用86℃的水煮出好喝的味道？我相信一定可以。咖啡就是去玩、去试验，直到你觉得这个味道"可以了！""我觉得对了！"那你就煮出对味的咖啡了。

比如，很多人都知道煮咖啡用的水很重要，书里也告诉你水在一杯咖啡里占98％左右，那到底水会改变什么？我在上课时，请学员煮过一轮以后，好多学员都惊讶于水改变了咖啡的味道。课堂上我们拿了产自埃塞俄比亚的水洗咖啡豆进行试验，有人觉得用矿泉水煮出来的咖啡相对没有杂味，有人觉得用逆渗透处理的水煮出来的咖啡比较甜，有人觉得用蒸馏水煮出来的咖啡闷闷扁扁的。最后让大家投票，结果是每个人

都有自己的喜好，并没有一种让所有的学员都觉得好的水。

咖啡千百种，喜欢咖啡的人也千百种，不同的咖啡有不同的煮法，这要怎么学咖啡？可以提供两个建议：第一，邀约多一点人一起喝咖啡。这样不仅会热闹许多，在喝咖啡聊天的同时，也是品鉴不同咖啡的好机会。你一个人出去能点几杯咖啡？多几个人一起喝，每个人点的品类都不相同，就更容易在不同的咖啡里找到跟你最对味的咖啡。第二，练习用文字的形式把感受记录下来。如果你真的很喜欢咖啡，可是没有办法常常约一群人一起喝咖啡，也没有关系。你可以把上次喝咖啡的文字记录拿出来看，可能每次喝到的咖啡都给你不同的感受，试着从这些记录里找出最对味的那杯咖啡。把风味"文字化"，也有助于你越来越精准地形容风味。

当你越来越清楚自己想要的是什么味道的咖啡以后，也更容易找到适合自己的冲煮方法。你不用翻山越岭找到地表最强的冲煮方法，只要在"三千弱水"之中，找到能煮出对味咖啡的方法就行了。

启动感官

你会不会觉得，每次喝咖啡的时候都有一种说不出来的感受？"对，我有喝到一个什么味道！但这个味道我说不出来。"你气恼明明有明显的感觉却无法通过具体的话语表达你的感受。但我们没办法表达出来不是因为我们没有能力感受，而是因为我们从来没有学着用感官辨认过不同事物的气味，比如盛夏的栀子花与秋日的桂花。

有几年的时间，我做过自然解说员的工作，常常要引导中小学的孩子走到户外体验大自然。在这份工作的后半段我学到了一套实用的"带团"方式，可以让孩子反应更热烈，体验也更有成效。我邀请每个学生来到树前，先闭上眼睛用双手摸一摸树皮的纹理，接着请大家传递树的各个部分——树叶、树枝、树皮等，每个人都用手揉揉树叶或者掰断树枝，去闻闻它的香气。如果我确定这棵植物没有毒性，也会邀请学生用嘴巴轻咬一口树叶去感受树叶的味道。经过很多次的试验，我发现通过五感体验的方式带领学生认识自然，比灌输知识的教学法更容易让学生与自然产生联结，也更容易诱发学生的学习兴趣。

同样地，当我们在学习咖啡的时候，除了用看的方式去阅读知识与理解观念，启动你的感官，练习打开长期被禁锢的味觉与嗅觉，也是学习咖啡尤为关键的一个环节。曾有一位杂志的编辑采访我："你觉得普通人可以如何训练自己的感官？"我说："大自然是最好的老师，试着去离家不远的山里走走步道，学习注意这个季节开花的植物是什么味道，试着走慢一点，去闻闻看这条步道的气味。走入自然以后打开五感去体验，你的收获恐怕不会少于一堂咖啡鉴赏课。"

让感官"在线"，与生活接轨

轻度烘焙的咖啡里富含低分子量的芳香物质，这一类芳香物质常常会让人联想到开花植物的芬芳、水果成熟的味道或者草本植物的香气。如果你在喝轻度烘焙咖啡的同时，试着回想大自然带给你的嗅觉记忆，你可能会发

一杯咖啡里的种种风味，是通过我们的味觉与嗅觉交织而成的。

现："欸！这杯咖啡带有花香！"那就代表你开始启用你长久没有运用的五感，开始串联起你的嗅觉记忆。人类的五感与身体的肌肉一样会越用越灵敏，当你越常有意识地运用嗅觉，你就越能充实你的嗅觉记忆库，而一旦你有了丰富的嗅觉记忆，喝到一杯咖啡以后，就有更多的嗅觉体验可以联结到你喝这杯咖啡的感受。

生活从来不缺乏气味，只是从未唤醒过你的嗅觉！就算是在日常生活中，也充满启动你的感官的机会。下次吃拉面的时候，不妨先记住青葱的味道，撒在白饭上的芝麻有什么香气，把芝麻碾碎又是什么香气……品味咖啡就要学习让感官常常"在线"，并经常地运用与锻炼，有意识地去感受香气的存在。如果你能够时常启动你的感官，那你的世界就不是乏味干瘪的单声

道，会变成高级电影院里立体生动的杜比音效。

破除误解，你会更懂感官

我们的舌头能够感受五味——酸、甜、苦、咸、鲜，鼻子可以分辨出上万种味道。2014年3月份的《科学》（Science）中的研究成果更证明了人类长久以来被低估的嗅觉潜力。以前的研究认为人类能分辨的香气顶多一万种上下，但最新的研究告诉我们，人类至少可以闻出一兆种以上的味道。

误解① | 辣是一种味觉

学习品味咖啡，除了要启动味觉与嗅觉这两种长期被低估的感官之外，还要更熟悉它们的运作原理。举例来说，一般人最常有的误解之一就是：辣是一种味觉。准确来说，辣是一种触觉感受，并不包含在味觉能感受的范围内。味觉的产生是味蕾上的感受器接收食物的味道，并通过神经元传递给大脑。但是在所有味蕾的感受器里，并没有辣的感受器。辣的感受来自"辣椒素"刺激神经末梢产生的灼烧感和痛感。做一个简单的实验就可以证明：把辣椒水涂在皮肤上会产生类似吃辣时产生的灼热感，但盐水只有喝的时候能感受到咸味，涂抹在皮肤上并不会感受到咸味。

除了辣以外，另一个最容易被误会的是"涩感"。吃还没有熟的香蕉时会不会感觉到很强烈的涩感？香蕉没有成熟的青涩，究竟是一种涩味还是一种涩感呢？你也许会拿刚才的实验吐槽："香蕉涂在皮肤上又不会有涩的感觉。"但"涩"确实是触觉，涩感的产生源自化学物质与口水产生的作用。产生涩感的化学物质多存在于茶叶、红酒与大部分未成熟的水果之中，咖啡也带有这类化学物质，但经过理想的冲煮并不会释放出太多。因此，在煮咖啡的时候，会把有没有"涩感"作为咖啡冲煮好坏的重要指标之一。

误解② | 口中喝到的香气是味觉

除了对辣与涩的误解，另一个常见的误解是觉得口中所感受到的"花香""莓果香"来自味觉的作用。实际上，我们在口中所感受到的香气是味觉与嗅觉共同作用的结果，若要进一步理解就要先说明一下嗅觉的作用方式。人类的嗅觉是神奇的身体构造。我们的嗅觉并不是只能通过鼻子去闻味道，鼻子闻到的味道被称为"鼻前嗅觉"或者"正向嗅觉"，而我们吃进嘴里的东西引发的味道并不是鼻前嗅觉。吃东西的时候感受味道的是口腔与鼻腔联通的"鼻后嗅觉"（又称"反向嗅觉"）。食物在经过咀嚼以后，散发出香气分子，某一部分的香气分子通过呼吸从口腔与鼻腔进入位于鼻子内的嗅觉受器。这里可以玩个小试验，在喝饮料之前，先把鼻子捏起来，直到饮料入口以后都不要放开，请你感受一下这个时候是不是只能喝到酸甜苦咸的味道？接着把鼻子放开，你会发现饮料的香气出现了，这就是鼻后嗅觉作用的方式。

鼻后嗅觉也是评鉴咖啡与红酒非常重要的"工具"，专业的杯测师会使用"啜吸"的方式让风味更容易进入鼻后嗅觉。"啜吸"难以用文字描述清楚，你可以将它想象成同时大力地吸进空气与咖啡液体，这个过程会发出惊人的声响，"啜吸"造成的压力会迫使液体变成类似浇花喷壶喷出的水雾，在口腔中雾化的咖啡香气分子更容易进入鼻后嗅觉。虽然不一定要会"啜吸"，才能学会喝咖啡，但是如果具备这种能力，你更容易感受咖啡细微的味道。

另外，杯测师会使用"风味"而不是"味道"来表述我们品尝咖啡的感受。风味是将借由味觉感受到的五种味道和鼻后嗅觉所感受到的气味，经过大脑的整合之后所产生的综合性感受。这之中占主导性地位的是嗅觉而不是味觉，这也可以解释为什么当我们鼻塞不通的时候，会觉得咖啡索然无味。

误解③ | 味蕾分布在舌头的特定区域

你觉得味觉中的酸、甜、苦、咸、鲜是分布在舌头的不同位置吗？大多数饮品、烹饪工具书，只要提到品尝或者鉴赏，一定会搬出著名的"味觉图"——甜味在舌尖，酸与咸位于舌头两侧，苦味在舌根，相信很多人也都听过这样的说法。这个"假说"的验证方式是拿棉花棒分别涂抹带有咸味、甜味、酸味、苦味的水，放入舌头上的每个部位测验。但其实这是一次错误引用论文数据所产生的"乌龙引申"。我们感受五种味道的味蕾其实非常平均地分布在舌头上，并没有哪一个部位分布着特别多的特定味蕾。

虽然我们的舌头不存在某个部位对特定味道敏感的情况，但是我们的味觉对不同味道的敏感程度确实是有强弱之分的，并不是对酸、甜、苦、咸、

鲜的感受能力都在同一个水平上。从感受器的数量来看，苦味的感受器至少有24种以上，但是甜味的感受器只有一两种，这就意味着我们对苦味的敏感度远远高于甜味。

味觉跟人类演化有很大的关联。在食物还不具有"品味"的文化意义以前，饮食是生存的关键手段，不吃不喝会死，吃错东西也有致死风险。人类的祖先为了生存，当然希望不要吃错东西，所以味觉从人类演化的目的来看，主要是为了生存。

我们对于苦味非常敏感，通常苦味也会带来不好的味觉感受是有原因的。厌恶苦味可以帮助我们避免吃进有毒的东西，像有毒的蘑菇或某些蔬果，可能会通过苦味来警告想吃它的掠食者。我们对于酸味的敏感度不如苦味，但也是五味中第二敏感的味道，因为酸味在告诉大脑：这东西没有成熟，或是这东西已经开始腐败。虽然吃进没有成熟或腐败的食物不一定有致死的风险，但让你生不如死几天也是很有可能的，这让人类对酸味也特别地提防。"酸"对于我们一般人来说，也是比较容易产生负面评价的味道。

咖啡里的甜是我的错觉吗？

"咖啡＝苦"这个观念已经根深蒂固地根植在大部分人对咖啡的印象中，但其实咖啡具有自然的甜味，在杯测师的评测表里，"甜度"就是评量标准之一。下面就让我们聊聊咖啡里的自然甜味吧！

那些咖啡爱好者时常说的"咖啡甜"到底是不是自我催眠？其实不是。咖啡甜的秘密在于香气，而不是因为咖啡本身含有大量的糖。下面我将以番茄的研究范例对此进行稍加说明。实验员分析了甲乙两款不同品种的番茄的化学物质，发现甲品种的蔗糖含量高于乙品种，但志愿者们的测试报告却反映乙品种比较甜。实验发现，乙品种含糖量虽然没有甲品种高，但其香气挥发物的数量却高于甲品种，这个差别造成了乙品种吃起来更甜。咖啡含有的数种芳香物质也会带来甜味的感受，而同样的芳香物质也出现在草莓或凤梨之中，所以在品尝咖啡的时候经常有"这杯咖啡有草莓味"或者"有凤梨味"的感觉。

如何喝到咖啡里的甜味？

如果看了上文这些科学上的研究后，各位读者还是一杯甜的咖啡都还没有喝到，有两个建议给想要体会"咖啡甜"的朋友：一个是"选择本身比较带有甜度表现的咖啡"，另一个则是"练习更敏锐地去感受甜味"。

在国际咖啡评比权威比赛——卓越杯（Cup of Excellent）中，甜度表现被认为与采摘适当成熟度的咖啡果实关系密切，通常采摘完全成熟的咖啡果实会让整杯咖啡感觉较甜，也会比较干净，没有扰人的异味存在。但是在购买咖啡的时候，咖啡果实有没有在成熟之后采摘，有的时候连煮咖啡的咖啡师都不知道，所以没有办法作为选购的指标。

甜度也跟品种有关。咖啡品种有两大分支，一种是罗布斯塔，价格便宜、量大，几乎不怕病虫害，另一种是阿拉比卡，价格昂贵、量少又娇弱。罗布斯塔种的咖啡因含量高于阿拉比卡种数倍，但阿拉比卡种所含糖类的总量也高过罗布斯塔种，在烘焙转化的过程中，阿拉比卡种能够转化出更多让咖啡表现出甜感的化学物质。如果你想品尝咖啡甜，不妨留意你的咖啡是阿拉比卡种还是罗布斯塔种。

除了这些发生在咖啡农场的事情会影响咖啡的甜味表现，烘焙与冲煮也是影响咖啡甜味表现的重要因素。随着烘焙时间与烘焙温度递增，甜味生成的化学反应变缓，而合成苦味的化学反应递增，所以大部分人更容易在烘焙程度较浅的咖啡里发现甜感。若想在冲煮上表现咖啡的甜味，请参见我们在本书第三章讲解的方法。

练习更敏锐地去感受甜味

感受不到咖啡自然的甜感，也是我们平常吃太多人工糖食品的代价。人类的大脑会对甜味上瘾，科学家的实验证明，我们吃甜的东西会感觉快乐，但是要维持同一强度的快乐刺激，需要更多的糖。现代社会的饮食习惯十分容易让人摄取过多的糖，除了导致肥胖等文明病之外，最大的代价就是扼杀了我们对"食物里自然的甜"的敏锐度。你知道喝一瓶350ml可乐相当于摄取39g（约9茶匙）的糖吗？在咖啡馆，一杯拿铁的容量大概是350ml，想象一下，你在拿铁里添加了9茶匙的砂糖，明显很难再喝出咖啡原始的味道。

如果想"更敏锐地去感受甜味",最直接有效的方式就是戒糖,做不到戒糖的话,降低喝含糖饮料的次数也会有一定的效果。

最后,教大家一个让味觉归零的方法——"抑制释放法"(release from suppression),这个方法一点都不难,说穿了就是通过酸来反向复原你对甜味的感知能力,具体做法如下。

准备几颗甜橙与柠檬用来榨汁,千万不要图方便去买市售的柠檬汁,这种柠檬汁即使写上"柠檬原汁"的字样,多少还是会添加糖分进去,所以尽可能使用新鲜水果榨汁。把榨好的甜橙汁和柠檬汁都加水稀释,两杯必须以同一比例稀释。

首先,喝一口甜橙汁,刚开始可能还觉得甜橙汁酸酸的,好像没有什么甜味,接着喝一小口柠檬汁,这个时候你恐怕已经酸得皱眉了,然后再喝一口甜橙汁,你会感觉甜橙汁比刚刚更甜了,这表示你对甜味的感知有所恢复。慢慢增加浓度,循序渐进,你的甜味感知将恢复到最接近你原始味觉的水平。不要急着马上就想喝到咖啡甜,要多使用抑制释放法恢复你的味觉,并搭配戒糖或减糖的生活习惯,有一天你会赫然发现咖啡里的真实甜味。

杯测师笔记

味觉可以后天锻炼吗?

　　我想谈一个很多人都困惑的问题——品尝能力到底是不是天生的? 我认为, 每个人的基因决定了味蕾的数量, 这部分是天生的, 但是味觉能力是可以靠后天努力培养的。从生理条件上来看, 女性的味蕾数量平均多于男性, 年轻人的平均高于老年人, 但这不代表女性族群和年轻族群就是味觉能力最优异的族群。

　　我觉得味觉能力还可以细分成对"风味的感受力"与"风味的表述力", 女性族群与年轻族群拥有比较多活跃的味蕾, 在"风味的感受力"上可能就优于其他的族群, 因为"风味的感受力"是与天分和生理条件有关的能力。然而"风味的表述力"却必须通过"感受""记忆""归纳""表述"的步骤流程反复练习才能提升。这个过程我称之为累积品味的"里程数", 当你累积的"里程数"越多, 所增进的不只是表述力, 感受力也会一起进步。

　　比如, 你要先吃过苹果, 了解什么是"苹果味", 接着记住"苹果味"并把它放进你的记忆库里, 当你发觉一杯咖啡有某种味道时, 你开始从你的记忆库搜寻, 最后找到了用"苹果味"来形容你喝到的味道。一杯咖啡里的味道有很多种, 你的"里程数"越丰富, 你能从中辨认出的味道就越多, 你就越能拼凑出这杯咖啡的风味全貌。

认识风味

　　我喜欢喝咖啡，不是因为我是一个咖啡因上瘾者，而是因为我迷恋它独特的风味。小小的咖啡豆竟然可以装着一整年产地的记忆，坐着船漂洋过海来到另一岸的烘焙厂，在烘豆师的巧手下从沉睡中苏醒过来，浑身散发芬芳。大布袋里的咖啡豆被分装到一个个小豆袋里，进入每个家庭的厨房、吧台，经过研磨变成更小的粉末，香气更强烈了，整栋房子都能因为那一两匙的咖啡粉而满室芬芳。把热水浇淋在咖啡粉层上，吃水的咖啡粉像雨季刚冒出的蕈菇般膨胀，香气变了！濡湿的咖啡粉散发出与干粉全然不同的香气，从壶口倾泻而出的透明水流，经过粉杯一下变成琥珀色的咖啡，感受咖啡制作过程的香气之旅好像比喝咖啡更为疗愈。

　　为什么咖啡会产生风味？这个问题如果你去问咖啡师的话，我认为多数的答案会提到"烘焙"。没错，要喝到我们熟悉的咖啡风味，不可能少了烘焙的环节，烘焙咖啡豆是让咖啡产生风味的关键。没有烘焙的咖啡豆被称为"咖啡生豆"（Green Bean），生豆闻起来有草味和谷物味，但你无法拿生豆来煮咖啡。生豆除了质地坚硬之外，几乎不具有任何我们熟悉的咖啡风味的特征。

咖啡风味与烘焙的关系

咖啡作为一种食用植物，最大的特色就是必须经过"热能"的转化才能食用，采收下来的咖啡果实会去除掉果皮、果肉（所以它不是水果），并经过进一步发酵与干燥才会变成生豆。即使是生豆也只能称为半成品，所有的生豆都必须由商家或者消费者自己进行烘焙才会变成我们熟知的"咖啡熟豆"。所以熟豆不是果实成熟的意思，而是代表它是可以冲煮咖啡的成品。

加热生豆时，会同时产生物理变化与化学变化，其中化学变化与风味最密切相关。当热能进入咖啡豆时，如果里面的物质被拆解，就称为"热解作用"，反之，如果里面的物质被组合变成其他物质，就称为"热聚合作用"。也就是说，咖啡烘焙就像是把乐高玩具从一个形状拆解，重新组合成为另一个形状，虽然在咖啡的世界里，从生豆到熟豆，形状不会改变太多（顶多因为加热变大颗一点），但是从化学的角度来看，生豆跟熟豆在成分上却有着天壤之别。

烘焙咖啡豆就像火烤玉米粒一样，随着温度上升，当玉米粒无法承受内部的压力时就会爆裂。烘焙咖啡豆最酷的地方是它会有两次爆裂。第一次爆裂时，你会听到咖啡豆发出"毕毕剥剥"的声响，接着沉寂一小段时间后，到了第二次爆裂时，会再一次听到与第一次爆裂声类似，但比较闷的爆裂声。从第一次爆裂开始，到超越燃点咖啡豆烧起来以前，这期间咖啡豆会呈现出各种不同的性状，我们会用"烘焙的程度"来为这些性状做一个定义。

为了让大家能迅速理解，我们把烘焙度简单分作三种：浅度烘焙、中度烘焙以及深度烘焙。虽然有些人根据色泽划分烘焙度，但从烘豆师的角度，

未经过烘焙的咖啡生豆，只能算是半成品。

不同烘焙程度的咖啡豆。

咖啡的烘焙程度

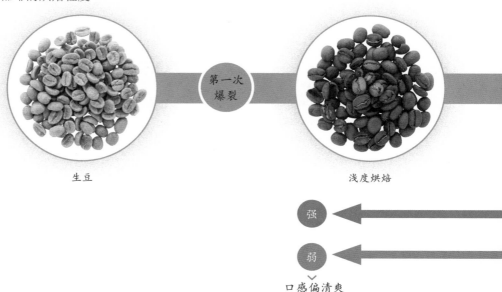

第一次爆裂

生豆

浅度烘焙

强

弱

口感偏清爽

我们比较习惯使用爆裂阶段来划分。浅度烘焙是第一次爆裂开始以后至第二次爆裂发生之前完成的烘焙；深度烘焙则是从第二次爆裂声音非常密集时开始到烘焙结束之前；而中度烘焙则是从第一次爆裂结束后的沉寂阶段，一直到第二次爆裂声音非常密集以前。

在味道上，浅烘焙的咖啡有明显的酸味，这与咖啡豆里面的酸味物质还没有被热解有关。如果用时间线来表示，则可发现酸味的物质比苦味的物质更早出现，但是随着烘焙度越来越深，酸味就会分解甚至消失。苦味的物质则相反，它必须等到烘焙度足够深时才会开始生成，并且越来越苦。在口感上，烘焙度深的咖啡豆，口感比较厚实，反之，浅度烘焙的咖啡豆则口感比较清爽。

烘焙是咖啡生成风味的关键，但并不是生成风味的唯一要素——烘焙只是风味生成这一"拼图游戏"中一块比较大的"拼图"，要组合成完整的咖啡风味不能只靠烘焙。能让咖啡生成风味的要素一共有四个：种植条件、生豆处理、烘焙以及萃取。前三项要素赋予了咖啡豆的本质，而"萃取"作为咖啡工艺最后的环节，决定了我们感受本质的方式。

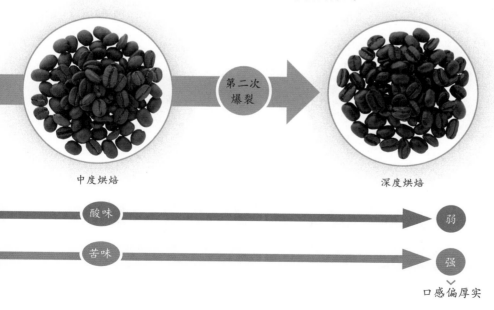

中度烘焙　　　　　　　　　　　　　　　深度烘焙

第二次爆裂

酸味　　　　　　　　　　　　　　　　弱

苦味　　　　　　　　　　　　　　　　强

口感偏厚实

咖啡到底有多少种风味？

咖啡有多少种风味？众说纷纭，在网络上你可以找到很多种答案。其实之所以有那么多种答案，主要是因为咖啡在每个阶段的香气物质数量不同。就像刚才提到的烘焙时的咖啡豆的香气就有1000种，但大部分香气会随着烘焙度的加深而挥发掉。根据《咖啡风味化学》利用科学仪器所测量的结果，生豆的香气物质大概有300种。虽然咖啡豆在烘焙过后有很多因为热能增加而产生的香气物质，但这些香气物质大部分不溶于水，无法萃取，就像很多时候闻到的咖啡豆香气不见得跟实际喝到的一样，所以真正在你"杯中"的香气差不多也是300种。不过"300"这个数字是仪器测量的数据，如果要算通过人的感官可以感知的香气大约是100种。但就算如此，真正被使用于产业里的风味只有36种，也被称为"咖啡36味"。

这套风味的归类方式是由精品咖啡协会（SCA）——当时被称为"美国精品咖啡协会"（SCAA）推出的一套咖啡风味分类系统，这套系统大大促进了20世纪70年代刚刚起飞的精品咖啡产业的发展。为什么会这样说呢？你想

想看，在还没有将咖啡拿来品味的年代，形容咖啡风味的词汇一定是非常匮乏的，人们只能形容一杯咖啡"好喝""难喝""有异味"……那个时代的人们亟欲建构一套属于咖啡的通用语言，来记录每一杯咖啡里的味道，以便与其他人交流。

1922年，威廉·乌克斯（William Ukers）写了一本咖啡百科全书《咖啡简史》（All About Coffee）——这位美国作家后来又出了更为人知晓的《茶叶全书》（All About Tea），里面记录了当时用来叙述咖啡风味的词大概只有20种不到。虽然这本书主要是考证当时人们所煮的咖啡以及知名历史人物有关咖啡的奇闻轶事，但你可以从乌克斯的笔下清楚地了解，当时根本没有人在乎咖啡有怎样的细腻风味。

"咖啡36味"参考葡萄酒产业里面的"红酒54味"设计而成，把常喝到的咖啡风味分成4组，每组9种味道，加起来就产生了36味。说句玩笑话，一般人大概只要记住里面1/3的味道，并将其准确使用在咖啡上面，应该就会被视为"懂行"的玩家了。

杯测师笔记
认识咖啡风味的推荐书单

迷恋味道的人似乎到了最后都会不约而同地喜欢上咖啡。在认识咖啡的风味之前，你要先知道，这是一个庞大的话题，大到许多顶尖的学者、专家都专门为了"咖啡风味"出书。如果你真的想要充实这方面的知识，有三部作品可以推荐给你：第一本是入门级的科普读物，由旦部幸博先生所著写的《咖啡的科学——咖啡的美味究竟从何而来》；第二本是进阶级的工具书，韩国学者崔洛堰著写的《咖啡香味的科学》；最后一本则是名为《咖啡风味化学》的专业书籍。

如何运用风味——浅谈咖啡36味

对普通人来说，要记住36种味道不是一件容易的事情，而且还要把它们从咖啡里面找出来？别开玩笑了！但杯测师训练的经验告诉我，当你知道这些味道是怎么被分类的，就能较容易地掌握咖啡36味。

香气物质有非常多种，要将其分门别类是很大的工程，好在对于咖啡爱好者如我们来说，只要了解"阈值"（Threshold）跟"分子量"就足够了。别被这两个听起来很学术的词给吓到，其实它们都是十分容易理解的概念。"阈值"说白了就是你要闻到特定香气需要的最小浓度，原理是我们的嗅觉对于不同香气物质有不同的敏感度。读者朋友是否还记得我在前文中曾说过，我们的味觉对苦比对甜更敏锐，其实就是苦的阈值小而甜的阈值大。在风味的世界里，决定你闻到什么味道的关键，不是"含量"而是"阈值"。为什么某些特定味道在咖啡里面特别明显？很有可能不是因为这杯咖啡里面有很多引起特定风味的香气物质，而是因为喝

咖啡的你感受到这个特定风味的阈值较小。

除了阈值，我们之所以能感受风味还有几个必要条件：第一，你吃进去的东西必须有挥发性；第二，挥发出来的物质分子量要小；第三，嗅觉内有跟该物质结合的受体。能从口腔通道进入鼻子的物质不会超过300分子量，26～300分子量的物质都有可能具备成为香气物质的特性，大部分的咖啡风味分子都接近200分子量。

咖啡36味总共有四大群组，有一组专门用来形容因为处理不当而生成的风味，被称之为"香气污点群组"，而另外三组则是根据分子量的大小进行分类的，由低至高分别是低分子量的"酶化群组"、中分子量的"焦糖化群组"与高分子量的"干馏群组"。

香气污点群组——过犹不及的风味

香气污点群组，俗称瑕疵群组，是一个很有趣的分类。其实用"瑕疵"

很容易使人产生误解，以为带有这个群组的味道的咖啡豆就是瑕疵豆，但其实不然。这组味道的英文名字叫作Aromatic Taints，如果按照字面翻译更接近"香气污染"的意思。这就有很大的不同了，用"瑕疵"这个词来理解这个群组的味道的话，基本上它们都是不好的味道。但事实却并非如此——你觉得"烤牛肉"（Cooked Beaf）是不好的味道吗？"印度香米"（Basmati Rice）、"咖啡果肉"（Coffee Pulp）是不好的味道吗？

要理解香气污点群组，请先放下"有这个味道的咖啡就不好"的偏见。其实精品咖啡协会已经解释过这个群组并不都是不好的味道，只是量太多造成味觉负担而已，就好比甜味不错，但太甜就会造成味觉上的负担一样。绝大多数的日晒处理咖啡都具有"咖啡果肉"的味道，但将其归为"香气污点群组"就是告诉你，有这种果肉味不错，但高浓度的"咖啡果肉味"恐怕就是一种香气污点了。

进一步来谈，每个风味群组还会细分成三种韵味，每种韵味会收录三种典型风味。在香气污点群组里有三种韵味，依照人可以忍受的程度由高至低分成："酵素韵""土韵"以及"酚韵"。

香气污点群组 Aromatic Taints			
韵味	风味名称	编号	特色
酵素韵 Fermented	咖啡果肉味 Coffee Pulp	13	很容易辨认的味道，常出现在通过日晒法处理的咖啡里，过度的话就会变成令人不悦的发酵味
	印度香米味 Basmati Rice	21	出现在烘焙前段的味道，很容易被忽略，除非你集中精神或者经常练习辨认这个味道，不然它就像交响乐团里的中提琴一样，易被人忽略
	药味 Medicinal	35	在酵素韵里你最不想喝到的味道，是霉菌在生豆上作祟的结果。如果杯测师喝到"药味"，往往会对生豆仓库保存状况进行检查

香气污点群组　Aromatic Taints			
韵味	风味名称	编号	特色
土韵 Earthy	泥土味 Earth	1	我第一次闻到马上联想到下雨前潮湿土地的味道，这个味道跟果实晒干的方式有关，如果没有将果实悬空干燥，就会让生豆带有泥土味
	稻草味 Straw	5	这种味道的产生与干燥过程有关，如果对咖啡豆进行干燥处理时，没有频繁翻动，或者环境湿度很高，就容易带有稻草味
	皮革味 Leather	20	这种味道的产生与干燥有关，但目前还没有足够的样本让我们推断它生成的原因。在我的品饮经验中，红酒比咖啡更容易喝到这个味道，而红酒中常用"野兔肚子的味道"来形容
酚韵 Phenolic	烟熏味 Smoke	32	这种味道的产生跟烘焙时排风的顺畅度有关系，如果喝到烟熏味，我们会去检查排风系统是否出状况
	烤牛肉味 Cooked Beef	31	这种味道常常与深可可的味道混合在一起，出现在深烘焙的咖啡中，需要比较专心才能辨别出来
	橡胶味 Rubber	36	至今我完全无法接受的一个味道，我喝过有橡胶味的咖啡是在操作失败的深烘焙咖啡中。精品咖啡大部分为阿拉比卡种，不常喝到橡胶味

注：表格所列编号为"咖啡闻香瓶组"对应风味的编号。

酶化群组——栽种时产生的风味

下面我们将对分子量小的"酶化群组"进行介绍。分子量小的风味通常具有比较强的刺激性，但会较快消逝掉，反而分子量大的风味比较沉稳持久。酶化群组的风味与咖啡产地最直接相关，地理条件、气候条件、栽种品种以及果实加工的方式，都会直接影响酶化群组的风味。这组风味决定你所喝咖啡的味道是优质舒适的灵活酸质（Acidity），还是令人皱眉无法接受的死酸（Sour）。酶化群组里的三种韵味为："花香韵""果香韵"以及"草本植物韵"。这组的味道不仅非常讨喜，也十分容易辨认，堪称"天使群组"。

酶化群组　Enzymatic			
韵味	风味名称	编号	特色
花香韵 Flowery	蜂蜜味 Honeyed	19	顶级咖啡中才有的味道，该味道在咖啡粉状时比液状时明显，在阿拉比卡种中又比在罗布斯塔种中强烈
	茶玫瑰味 Tea Rose	11	红花的香气，该味道冲煮时比研磨时明显，在阿拉比卡种中又比在罗布斯塔种中强烈
	咖啡花味 Coffee Blossom	12	白花的香气，类似茉莉花与金盏花的香气
果香韵 Fruity	柠檬味 Lemon	15	咖啡中的柠檬香气，是一种清新、高雅、有活力的味道，这类的风味常出现在埃塞俄比亚西南部所产的咖啡豆中
	杏桃味 Apricot	16	通常在生豆最新鲜的时候烘焙才能喝到的香气，拥有这种风味的咖啡会获得比较高的酸质评价
	苹果味 Apple	17	令人喜欢的香味，常见于中美洲以及哥伦比亚所产的咖啡豆中
草本 植物韵 Herbal	豌豆味 Garden Peas	3	会出现在生豆或者烘焙不到位的咖啡豆里，如果咖啡出现这个味道，我会去检查是不是在烘焙的过程中火力太小
	黄瓜味 Cucumber	4	黄瓜味不是主调风味，不会太明显与强烈，但会增进咖啡风味的丰富度
	马铃薯味 Potato	2	酶化群组里不太讨喜的味道。在卢旺达与布隆迪，曾发生咖啡豆因一种特殊昆虫啃咬果实表皮造成感染，产生类似马铃薯味道的有名案例。让烘豆师气恼的是，有这种味道的咖啡豆无法从生豆外观辨别，只能通过喝来辨别

注：表格所列编号为"咖啡闻香瓶组"对应风味的编号。

焦糖化群组——烘焙时产生的风味

"焦糖化群组"是比"酶化群组"分子量稍微大一点的风味群组，通常跟烘焙时的热化学反应有关系，直接影响咖啡的甜度。相对以酸为主体的酶化群组以及以苦为主体的干馏群组，焦糖化群组是绝大部分人都能接受的咖啡风味，一般人熟悉的"咖啡香"大部分都是在讲焦糖化群组里的味道。同样，这个群组也有三种韵味，分别是"焦糖韵""坚果韵"以及"巧克力韵"。

焦糖化群组　　Sugar Browning			
韵味	风味名称	编号	特色
焦糖韵 Carmelly	焦糖味 Caramel	25	一种时常能闻到的香气，在绝大多数好喝的咖啡里都有它的存在。当咖啡中含有充足且优质的碳水化合物与蛋白质（种植条件符合），并且通过好的烘焙技术进行烘焙后（烘焙条件符合），就能够产生明显的焦糖香气
	鲜奶油味 Fresh Butter	18	通常具有奶油味的咖啡，整体口感温和圆润，我时常在优质的美洲咖啡豆里发现奶油的香气
	烤花生味 Roasted Peanuts	28	一种比较内敛的味道，个人感觉这个味道常以"点缀"其他风味的形式存在于咖啡之中
坚果韵 Nutty	烤杏仁味 Roasted Almonds	27	味道比烤榛果味更厚实，有浓浓的甜香味，会大大提升你感受咖啡甜味的程度
	烤榛果味 Roasted Hazelnuts	29	味道比烤杏仁味轻盈许多，让咖啡的香气带有某种程度的甜味
	胡桃味 Walnuts	30	一种会让我联想到西洋芹菜的味道，常以"尾韵"的形式存在的风味，是你喝完一口咖啡后，嘴巴里残留的坚果香气

焦糖化群组　Sugar Browning			
韵味	风味名称	编号	特色
巧克力韵 Chocolaty	巧克力味 Dark Chocolate	26	如果你有机会观察可可制成巧克力的过程，就会知道咖啡与可可之间为什么会有如此相似的特征。咖啡里的巧克力味通常具有主调性，其他焦糖韵和坚果韵的香气会包覆在这个主要风味的周围
	吐司味 Toast	22	吐司味稍纵即逝，是一种平时很难体验到却真实存在的风味。这个风味能使咖啡整体风味变得更加协调，但很容易在烘焙过程中消逝或被其他强烈的味道掩盖
	香草味 Vanilla	10	咖啡里普遍存在的味道，只不过喝咖啡时，要喝到第二口、第三口才会发觉。香草味有平衡所有风味的作用。想要了解香草味，建议到甜点烘焙材料商店找香草籽

注：表格所列编号为"咖啡闻香瓶组"对应风味的编号。

干馏群组——化学热解时产生的风味

　　干馏群组是所有风味群组中分子量最大的，分子量大的风味挥发性弱，香气比较低沉但是行走路径很长。干馏群组的风味几乎都是在咖啡豆第二次爆裂（以下简称"二爆"）以后产生的，而要有足够的热能二爆才会发生，二爆发生以后咖啡的焦糖化反应会逐渐消逝，取而代之的是碳化反应。碳化反应使咖啡多了一股炭烧味。在烘焙进入二爆阶段时，烘豆师都要非常小心，以防咖啡豆起火酿成灾祸，因为此时咖啡豆已经碳化。二爆时的高热能加速了化学物质的裂解与聚合，将"酶化群组"与"焦糖化群组"生成的味道全部分解，重新组合成新的味道。

　　其实在化学意义上，干馏作用（Dry Distillation）是指物质在与空气隔离的情形下，干烧到完全碳化的过程。但是在实际的咖啡豆烘焙中，咖啡豆还是在有空气的状态下进行烘焙的，有焦化、热解的过程，所以会用干馏来定义这个阶段的烘焙。"类干馏"的咖啡豆烘焙还会使许多物质产生化学变化，这些变化通常让咖啡变得苦而香气浓郁。干馏群组的三大韵味分别是："辛香料韵""树脂韵"以及"热解化韵"（也称"炭烧韵"）。

干馏群组　Dry Distillation			
韵味	风味名称	编号	特色
辛香料韵 Spicy	胡椒味 Pepper	8	该风味一般出现在深烘焙的咖啡豆中，带有些微的辣感，阈值偏大，并不是每个人都能感受到。通常你在品尝具有这种风味的咖啡时，会被炭烧味吸引，而忽略了胡椒味的存在。我最近一次喝过的胡椒味明显的咖啡是产自苏门答腊的曼特宁咖啡，在喝到厚实的可可味前，品尝到了短暂的带有辛辣感的白胡椒风味
	丁香味 Clove-like	7	杯测师常开玩笑把丁香味称为"牙医味"，因为丁香具有舒缓牙痛的功效，是牙医常开的药方之一。丁香味会让整杯咖啡喝起来更有层次感，算是一种"伴奏型"风味
	香菜籽味 Coriander Seed	9	不要把香菜籽跟香草籽还有香菜搞混了。台湾地区料理中的香菜多取用叶子，但在南亚、东南亚料理中，香菜籽才是非常重要的香料基底。在料理上，香菜籽像音乐中的伴奏或者和声，不像八角或者孜然一下就能品尝出来，但是没有香菜籽好像又少了一层丰富感。其实在咖啡中我很少喝到这种风味，通常是在咖啡豆开封的瞬间隐约闻到它的存在，但非常缥缈
树脂韵 Resinous	雪松味 Cedar	6	咖啡里的雪松味非常迷人，想要了解这个味道，不妨先闻闻纯天然的雪松精油。相比花果香类的刺激风味，我个人比较喜欢有雪松味的"沉稳"咖啡，这也算是罕见的风味，至今我只在顶级的夏威夷可娜咖啡中品尝过明显的雪松味

干馏群组　Dry Distillation			
韵味	风味名称	编号	特色
树脂韵 Resinous	黑醋栗味 Black Currant-like	14	一种经常被混淆的风味，常被误认为类似黑莓、覆盆子的活泼风味，其实黑醋栗味闻起来比较像原木家具的味道，跟莓果味大相径庭。因为是形容黑醋栗灌木与叶子的味道，而不是形容黑醋栗果实的味道
	枫糖味 Maple Syrup	24	这种枫糖味不是焦糖化群组的那种焦糖甜香，而是类似蜂蜜的花粉味。因为分子量较大，所以在咖啡里不太容易闻到，也不太容易品尝出来，只有在喝完咖啡的余香中才有机会感受到
热解化韵 Pyrolytic	麦芽味 Malt	23	类似威士忌和精酿啤酒中的麦芽味，像是泡过橡木桶的麦芽酒体的味道。咖啡里的麦芽味会出现在任一烘焙度里，是一种颇为多变的风味
	烟草味 Pipe Tobacco	33	烟草味跟香烟味（Cigarette）是两种味道，烟草味也不等同于烟熏味，是更接近雪茄的味道，我唯一一次感受到这种味道是在纯正的蓝山咖啡中
	烘焙咖啡味 Roasted Coffee	34	其实烘焙咖啡味比较像刚进咖啡店时闻到的那种无所不在的味道，它是一种标识性的味道，也是许多人对咖啡的第一印象。这个味道让人感受到咖啡的浓郁香醇，也突显了烘焙咖啡豆与热解化学作用密不可分的关系

注：表格所列编号为"咖啡闻香瓶组"对应风味的编号。

品一杯咖啡，跟杯测师学杯测

在咖啡行业里，有一个鲜为人知的职业叫作"杯测师"，他们的工作像是球场上的教练，不论咖啡农、烘豆师或者咖啡师都会咨询杯测师有关风味上的建议。我曾说过，没有目标的冲煮就像盲眼射箭，烘焙与栽种又何尝不是如此呢？每一个咖啡职人都希望自己制作的咖啡可以一批比一批好喝，所以客观专业的建议是重要的进步动力。

把关品质的神秘藏镜人[①]——咖啡品质鉴定师

杯测师利用杯测（Cupping）将所有"冲煮的人为变因"降到最少，让咖啡归零到最原始的味道，进而找出其他可能影响咖啡味道的变因。我觉得，杯测师就像是咖啡豆的倾听者，通过反复的杯测听到豆子隐藏最深的心事。

如今科技已经发达到能分析出咖啡中所有的化学物质，人们也基本了解了每一种物质对应的

①台湾地区俚语，原指布袋戏中的经典虚拟人物，后多形容"幕后主使"。

风味变化。理论上，杯测师的工作好像会被取代，但是这件事不会发生，因为咖啡是给人喝的，人的感受虽然不如仪器的物理分析精准，却可以更敏锐地反映人的"感觉"。

然而人的感觉是难以捉摸的，同一杯咖啡，会因为不同的喜好产生完全不同的评价，而杯测师测评的重点在于"咖啡的品质"而不是"个人感受到的咖啡品味"。早在20世纪80年代，日本的咖啡职人田口护先生就提出了"好咖啡与好喝的咖啡是不一样的"这一理念，好咖啡的定义是经适当的栽

种、烘焙与萃取所制成的咖啡，这个定义相对具有客观性；好喝的咖啡则无从定义，只要是消费者觉得"对味"的咖啡就是好喝的咖啡。但对味的咖啡并非咖啡专业人士追求的首要目标，咖啡专业人士应该先以"好咖啡"为追求目标，再通过服务与引导协助消费者找寻"好喝的咖啡"。

"杯测师"（Cupper）其实只是一个易于理解的俗称而已，但它很容易造成误解，让大家以为这些职人成天都在杯测，所以叫杯测师。但是杯测在精品咖啡的世界里，已经是咖啡从业人员必备的基础技能，无论是咖啡农、烘豆师，还是咖啡师都需要会杯测。这样讲起来岂不是人人都是杯测师？事实上，杯测师真正的名字应该是"咖啡品质鉴定师"（Coffee Quality Grader），很多人会用品质（Quality）的英文首字母Q来称呼这些人，也只有这些拥有鉴定咖啡品质能力的专业人士才能被称为Q-grader。

鉴定咖啡的十种品质

什么是品质？韦氏词典（Merriam-Webster）对品质的定义是"某一事物的优劣程度"，最佳品质代表的就是最优等级。为什么我们要为某些事物制定品质的等级呢？因为品质就好像是一种共同的语言，我们可以通过这种共同语言来进行沟通。而且品质就是一个客观的定义，没有掺杂个人的喜好，沟通时不易出现误解。

在咖啡的Q-grader测评系统下有十种品质，每种品质代表着咖啡某一方面的表现，接下来我会花一些篇幅为大家依序说明。

1.香气 Fragrance / Aroma

咖啡的香气品质主要根据两种状态的香气评断。一种是在咖啡粉刚研磨好尚未接触水时的"干香气",另一种是咖啡粉浸润在热水中散发的香气。Q-grader会同时记录下香气的种类以及强度,例如"高强度的柠檬香气混合着中低强度的深可可香气"。在这项测量里面,强弱并不是评分的主要依据,出现的香气种类决定了香气品质的分数。比如,在咖啡里闻到怡人的花果香,则香气品质分数高,如果说香气的味道非常具体,能辨别出是更具体的茉莉花香,那分数就会更高。香气品质分数低的咖啡通常是出现了明显的咖啡不该有的"异味",比方说出现了"轮胎味""药水味"等。

2.风味 Flavor

风味品质主要评断咖啡在口中同时作用于味觉与鼻后嗅觉的综合香气。这种狭义定义的风味,并不包含口感,通常Q-grader在进行风味品质评分时,会使用专用的杯测汤匙进行啜吸,啜吸可以帮助Q-grader更快速地捕捉到比较细微的香气。风味品质的分数也是根据咖啡呈现的香气种类进行评测,一款咖啡出现的好风味越多、越复杂,分数就越高。

3.尾韵 Aftertaste

尾韵品质是指咖啡通过口腔与喉咙以后残留的香气与触感,须在将咖啡完全吐掉或者喝光之后才能进行评测,不能在嘴里还有咖啡液体时评测。喝完咖啡以后,Q-grader会留意鼻腔、口腔以及喉咙间残留的香气,所残留香气的清晰度、范围以及种类都会决定咖啡尾韵品质的高低。

4.酸质　Acidity

　　酸质品质与酸的强度没有直接关系，过于强烈或者尖锐的酸都会被列为低品质的酸。是否拥有成熟水果的活泼果酸是评定酸质好坏与否的重要标准。另外，酸的复杂性与变化性也会纳入考量，比如这种酸是否呈现出明显的复合性风味，或者能否很快地转化为甜感，都会影响Q-grader对酸质的评判。

5.口感　Body

　　口感品质将口感单独评测，以咖啡在口中呈现出的浓稠度与触感作为评测标准。因此，Q-grader在评测口感品质时，也许会给两种完全不同但都感觉良好的口感高分，比如清淡爽口的口感可以获得高分，浓稠饱满的口感也可以获得高分。而低分口感品质，主要是因为咖啡中出现了涩感、收敛感等，让口腔、舌头感觉干燥或不适的味道。

6.一致性 Uniformity

当Q-grader进行咖啡品质鉴定时，通常会从每一种样品中抽取5支样品，即利用统计学上的抽样法来判定整批咖啡的品质是否一致。在一致性品质的评测中，只要5支样品没有风味上的差异，通常都会被判定为满分。但当咖啡中有瑕疵豆时，就会造成该款咖啡风味不一致，Q-grader如果喝到5支样品中有一款特别不同时，就会记录下不同风味的样品。

7.均衡度 Balance

均衡度的评测以前面四项品质——风味、尾韵、酸质、口感产生的综合效果为依据，如果这四项品质中的某项特别突出，以至于影响到其他三项品质的呈现时，均衡度的分数就偏低。反之，如果四项品质都表现得非常均衡，并且相得益彰，那均衡度的分数则高。

8.干净度 Clean Cup

干净度也是与抽样调查相关的品质，当5支样品中出现了"瑕疵风味"，干净度的分数则偏低。通常干净度与一致性呈正相关，如果样品的干净度出现问题，也就代表这款咖啡没有一致性。

9.甜度 Sweetness

甜度与酸质直接相关，甜度品质不佳的咖啡豆也会直接影响到其酸质的表现。在甜度的评测上以强度为测评标准，因为咖啡中的自然甜度几乎不可能超越普通人对甜的耐受程度，所以甜度的强度越高，该项品质得分越高。

10. 整体评价 Overall

　　整体评价应该是十种品质评测中最具有主观性的。这项品质的得分反映了Q-grader自身对这杯咖啡的感受，是杯测进行到最后，当前面九项品质的分数已经出来时，根据所有品质的表现做出的综合评价。这杯咖啡是让你非常惊艳，还是感觉一般，或者是你连喝都不想喝？虽然说整体评价有个人品味的因素，但做出评测的依据必须与前面九项品质的评测逻辑相通，不可能出现前面九项低分，最后整体评价高分的情形，反之亦然。

杯测的顺序与节奏感很重要

　　在Q-grader评鉴咖啡的方法中，有一个秘诀对普通消费者评判咖啡品质非常实用，这个秘诀就是每喝一口咖啡，只进行一种品质的评测，并且随着温度变化依序进行。你可以把咖啡想象成交响乐，乍听之下很复杂，好像有很多乐器同时在发出声响。咖啡与交响乐一样具有很复杂的讯息，有的时候我们喝不出咖啡的味道，不仅是因为味觉不够敏锐，更有可能是因为我们的大脑无法同时处理过量的讯息。人脑不是电脑，不可能同时"运行多个程序"，这意味着我们必须要有顺序、有节奏地去分辨咖啡的各种品质。

　　与普通消费者喝咖啡的方式不同，Q-grader讲究的是"顺序"和"节奏"。 Q-grader每天可能会评测10～20支咖啡样品，如果每款样品都以5杯（8盎司，即226.8g）来计算的话，他们一天要对50～100款咖啡做出精准的评价。通常一杯咖啡，Q-grader只会品尝几口，他们不可能把100杯咖啡全都喝完再打出分数，所以能在几口之间就判断出咖啡的好坏是Q-grader的专业能力。

一轮正式的杯测通常要20～30分钟，Q-grader像是同香气赛跑一样，要在短短的30分钟之内把所有感受到的气味、芬芳忠实地呈现在杯测记录表里。温度对于咖啡风味的影响非常明显，当咖啡变冷时，那些热的时候呈现的风味可能会消失，所以Q-grader必须快速地把味道记录下来。

杯测一款咖啡样品时，会准备5个杯测碗，前方会摆上此样品的生豆及熟豆。

温度影响风味的原因大致有三个。第一，芳香物质的流失，芳香物质在高温时最为活跃，并且会非常快速地挥发，这就是为什么刚煮好的咖啡特别香，但凉掉的咖啡则香气大幅减少的原因。第二，化学物质的变化，其实咖啡在任何时候都处于化学物质持续变化的状态，当咖啡温度降低时，化学物质组合方式的改变会造成不同的风味感受。第三，人的感官敏锐度也受温度的影响，通常在高温的时候我们的味觉会比较迟钝，因为大脑忙于处理"烫"的讯息。

如何进行杯测？

Q-grader是如何在短短半小时内杯测咖啡品质的呢？首先，要准备器具。杯测时通常会使用广口、平底的杯子作为冲咖啡的容器，因为容器接近碗的形状，所以又被称为"杯测碗"。杯测碗的容量通常为200～250ml，杯测时咖啡的浓度要求为1：18.18，所以会使用11～13g咖啡豆，以"浸泡式萃取"的方式冲泡。杯测最大的特色是从开始到结束，咖啡粉会一直在碗里，不过滤掉。

Step1　咖啡豆研磨成咖啡粉后，先闻干香气

杯测开始时，5个杯测碗中装着适量的咖啡粉（研磨好的咖啡粉会马上用盖子盖起来，以阻隔其与空气的接触，等到杯测正式开始时才会打开），Q-grader有5～10分钟的时间评鉴干香气的品质。

Step 2　注水后再闻湿香气

接着，会注入93～95℃的热水将杯测碗装满（咖啡粉要完全浸湿），注水时咖啡粉会膨胀，并萃取出咖啡。注水完毕，可先评鉴浸湿蒸煮状态下的咖啡香气。

Step 3　破渣时再闻一次香气

等待4分钟以后，使用杯测汤匙搅拌浮在水面的咖啡粉，这个动作称作"破渣"。接着，把浮在水面的咖啡油脂跟剩余的残渣捞起。刚刚破渣的咖啡

粉会因为吃水变重而沉入杯底，杯测的萃取作业就完成了。这个时候，香气物质作用程度最为强烈，因为杯测碗没有把手，所以Q-grader会俯身去闻咖啡散发的香气，并记录下来。

Step 4　啜吸感受风味与香气

待咖啡凉至70℃上下（差不多可以入口又不至于烫到舌头的程度），会开始进行"风味"与"尾韵"的评鉴。通常Q-grader会"啜吸"一口咖啡，同时评测咖啡喝进去以后其所呈现的风味在嘴里的表现，以及将咖啡吐出后嘴里残留的香气。因为Q-grader一次要品尝多种咖啡，所以测完之后并不会把咖啡喝下去，而是会吐掉。

Step 5　咖啡温度下降后反复评鉴口感

一轮杯测有很多样品，Q-grader在评测完所有样品以后，之前评测的第一杯咖啡温度已降至40~50℃，温度略高于体温，在口腔内还可以感觉到温热，但是已经不如之前那么烫口。这时咖啡的"酸质"会更清晰地呈现在口腔里。此时，Q-grader也会去评测样品的"口感"品质。

当咖啡的温度降至低于体温以后，Q-grader会开始衡量咖啡的整体平衡性，并且检查咖啡有没有在温度下降的过程中丧失整体的平衡，如冷掉之后味道突然变得偏酸。我们的味觉在食物温度接近体温或者比体温低的时候更为敏感，所以在这个阶段Q-grader会特别注意咖啡中是否有风味缺陷。如果5个抽样样本味道一样，这款咖啡的甜度、一致性以及干净度即为满分100分；如果样本间有差异，Q-grader就会标记差异样品，并且根据风味缺陷的程度扣分。等到前九项品质评鉴都已经完成以后，Q-grader会依据前九项的品质表现给予整体评价，这就是杯测的整个流程。

将杯测过程的评分一一填入杯测表，完成评鉴记录。

Q-grader破解咖啡品质的秘密武器

Q-grader系统开创于2004年，目的在于让全世界的咖啡专业人员可以用同一套语言讨论咖啡品质，以免鸡同鸭讲。Q-grader系统提供给了咖啡品质鉴定师一些标准化的评鉴工具，这些工具不仅是用来破解咖啡品质的秘密武器，也是统一咖啡世界的标准语言。

Q-grader的训练与考试是所有咖啡考试中最为严格的一种，不仅训练时间最长，就连考核的项目也多达22种。一位合格的咖啡品质鉴定师必须通过22项考试内容，通过考试后会被登记在Q-grader的国际官网上。但这个资格的有效期只有36个月，3年期限到后，就必须重新进行一次考核，以确认鉴定师的感官能力能够继续客观地做咖啡品质鉴定。这让Q-grader资格证的认可度很高，因为其他的咖啡考试通过以后不会有资格期限的规定，所以国际咖啡赛事会认可具有Q-grader身份的咖啡品质鉴定师。截至目前，在Q-grader官网上登记的专业鉴定师有5000名左右，我们在咖啡产地、烘焙厂以及咖啡厅都可能看到鉴定师的身影，也正是因为这些职人的努力，我们可以喝到品质越来越高的咖啡。

本质上，Q-grader资格证仅仅说明了一件事：通过审核的人具备与全世界咖啡产业人士沟通的能力。这就像外语水平测试一样，通过这些测试可以知道你会说某种语言，但无法量化你的文字造诣。Q-grader也是一种语言，是咖啡产业讨论咖啡品质时使用的语言。接下来我会与大家分享Q-grader在破解咖啡品质时使用的三种工具。

咖啡闻香瓶组——掌握咖啡36味

当读到"咖啡36味"的时候，你也许会好奇咖啡师是怎么定义香气的。就像苹果，味道有很多种，也许我讲的苹果味是红苹果，但你理解成了青苹果。在Q-grader的训练系统里，咖啡36味已经收录在了香气味谱之中。这套包含了36种气味的工具被称为"咖啡闻香瓶组"，是法国酒鼻子公司（Le Nez du Vin）专为咖啡评鉴师设计的咖啡版"酒鼻子"（Le Nez du Café 直译为"咖啡鼻子"），也是Q-grader破解咖啡品质的第一种工具。"酒鼻子"原本是红酒鉴赏用的闻香瓶，结合欧洲香水工艺与葡萄酒鉴赏知识设

计，把红酒中会出现的味道用浓缩与合成的方式制成一罐罐的闻香瓶。当品酒师拿出某个编码的闻香瓶形容某款红酒的味道时，世界各地的品酒师都能明白，不会误会彼此的意思。

咖啡36味闻香瓶组，每个瓶盖上的编号对应一种味道，并附有一本说明书解说每一种味道。

辨识这套闻香瓶也是Q-grader的训练与考试内容之一。测验时，36味闻香瓶会被分成四组，品鉴师必须识别出眼前的闻香瓶是四个群组中的哪一种风味。测验的目的是统一Q-grader形容咖啡味道的词汇。我自己在接受Q-grader的训练时，常常是死记硬背某些味道，一是因为闻香瓶中有一些亚洲人不熟悉的味道，例如印度香米，二是因为有些味道的名字跟我对它的实际感受很难对上号，例如"胡桃味"闻香瓶给我的感觉更像芹菜的味道，所以很多时候我会通过这种自我转译的方式去认识这些风味。闻香瓶组的味道名字与你的实际感受不一样，也跟饮食文化有关，因为这套闻香瓶是欧洲人设计的，所以其味道也是依照欧洲人的习惯来命名的。

普通消费者如果想要开发感官，我觉得不一定要花大价钱买咖啡闻香瓶，反而利用生活中的经验去捕捉风味比较实际。但如果你是专业人士，或者希望可以跟更多的专业人士"沟通"，咖啡闻香瓶是一个很不错的实用工具。

咖啡风味轮——认识台湾版风味轮

Q-grader破解咖啡品质的第二种工具叫作风味轮（Flavor Wheel），是一套逻辑严谨且系统的咖啡词汇库，能够帮助我们更快速找到想要形容的味道。如果说咖啡风味是一种语言的话，风味轮就像一部词典。

风味轮由一个色彩丰富的同心圆构成，里面涵盖了近90个形容风味的词。第一版风味轮于1995年完成设计，由两个同心圆组成，左边的同心圆表示各种负面风味及其生成原因，右边的同心圆则表示味道与香气。2016年，美国精品咖啡协会（SCAA）与世界咖啡研究室（WCR）联手设计了新版风味轮，改版一是因为20年来感官科学有了新的研究成果，二是因为业内对精品咖啡形容词汇的需求不断增加。

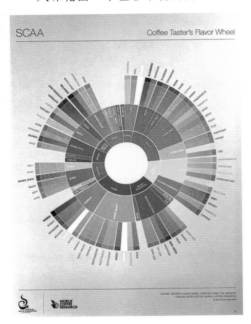

SCAA咖啡风味轮虽是实用工具，但因为美丽的色彩设计常被当作海报展示。（照片提供：KoKo Lai）

然而SCAA咖啡风味轮中的许多风味，如黑莓、枫糖等，偏向欧美日常饮食文化，并不是我们所熟悉的味道，让一般人难以理解。微光咖啡创办人余知奇在新版风味轮的基础上整理设计了"台湾版咖啡风味轮"，筛选掉了部分我们不熟悉的风味，加入更多台湾地区常见的食物、素材，例如龙眼、荔枝、酱油等，并将16个基调风味图像化处理，每种风味也运用色彩提升视觉效果，让普通消费者在品尝或嗅闻咖啡时，也能通过风味轮辨别风味。

杯测表——通过文字锻炼感官能力

第三种工具，也是Q-grader破解咖啡品质最重要的工具——杯测表，在Q-grader的考核里有四项考核是在测验品鉴师写杯测表的能力。杯测表是一名品鉴师对咖啡品质所做的完整报告，里面包含了最终的杯测分数，以及这个分数背后的品质细节。考核时，应试者的分数必须与主考官评鉴的分数近似（±2.5分）才算合格。

杯测表的功能是将风味经验文字化，对于每一位想要提升感官能力的咖啡职人来说，这是非常重要的内功。即使是通过Q-grader认证的鉴定师，也必须通过日复一日的写表练习来锻炼自己的感官能力。写杯测表时，尽量不

台湾版咖啡风味轮

微光咖啡创办人余知奇授权提供

要一个人写，因为如果只有你喝过这款咖啡，就没有人可以跟你探讨这次的感官经验。最理想的写表方式是与多位Q-grader专业人士一起进行杯测。通过比较各自杯测表的差异，你就能知道自己在评分上是否存在太宽松或太严格的问题，也可以从别人的风味笔记中找到自己喝出来与没喝出来的咖啡风味。

SCAA杯测表

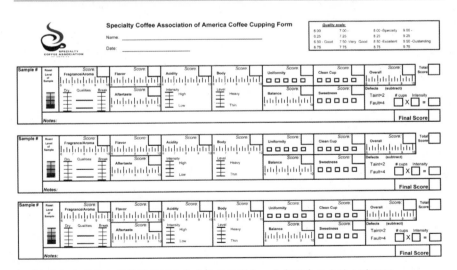

杯测表中包含了前文所提到的10种咖啡品质的评分，总分80分以上的咖啡就可称为"精品咖啡"。

第二章
选咖啡

　　品味是对生活的讲究，有品味的人不会随随便便妥协，为了品质他不贪多，有时候甚至愿意忍受一些不方便。曾经有位威士忌品酒师告诉我，越推广有品味地喝威士忌，酒精上瘾者会越来越少。因为当一个人懂得品味威士忌以后，就不会想要用威士忌麻痹自己，而会更注重享受威士忌的美妙。一个有品味的咖啡爱好者，理所当然会选择自己要喝的咖啡，没办法"将就"喝某些咖啡。

　　对品味的讲究不是吹毛求疵，我认识的各种领域的有品味者在实际生活上也不见得非常"龟毛"，但他们普遍奉行着"少即是多"的原则。有品味的咖啡爱好者不一定要喝大量的咖啡，也不见得有"咖啡因上瘾症"，但他们会非常明智地选择适合自己的咖啡。在"选咖啡"这一章中，希望就"如何聪明地买咖啡""如何挑咖啡"等问题为大家提供一些实用的建议。

为什么咖啡馆的菜单我都看不懂？

喝咖啡的人其实可以分成两种，一种是在咖啡馆喝咖啡的人，另一种是会买咖啡豆在家自己煮咖啡的人。我们先来谈谈喜欢在咖啡馆喝咖啡的人该怎么选咖啡。

仔细回想一下，当你走进一间咖啡馆，会把菜单从头到尾读完吗？除了拿铁、卡布奇诺这种耳熟能详的饮品，你分得清楚什么是"Flat White"，什么是"Piccolo"吗？菜单上除了有"意式咖啡"，还有"单品咖啡"，你还没来得及弄懂什么是意式咖啡，又看到了"精品咖啡"，下面还写着什么处理厂、水洗……让人倍感奇怪，喝个咖啡怎么跟处理工厂有关系呢？每一次点咖啡都好像瞎子摸象，根本没有把握一会儿送上来的咖啡会是什么味道。

看不懂咖啡馆的菜单不是你的问题，不需要因为看不懂菜单而觉得自己品味不够好。咖啡馆菜单复杂的原因有三。

第一，咖啡的文化非常悠久，也非常广博。喝咖啡的人遍布世界各地，人们已经研发出了非常多种喝咖啡的方法，如加奶、加酒，或者加糖和香料等。每一款咖啡多少带有某个地区特别的饮食文化，一个专业的咖啡师也未必通晓所有的咖啡。比如，我不认为每个咖啡师都知道什么是"塞内加尔咖啡"。

第二，人们不断发明新的工具来煮咖啡。意大利人直到20世纪才发明出可以通过蒸气高压萃取咖啡的工具，但1000年以前就已经有人类食用咖啡的记录，这1000年之间没有任何人喝过拿铁。随着科技与人文的进步，咖啡也有了更多的可能，从最早把咖啡捣碎泡热水到使用电子仪表操控煮咖啡，咖啡的多变性使咖啡馆的菜单不可能简单。

第三，影响咖啡的变因太多。以手冲黑咖啡为例，不同的果实处理方式配上不同的烘焙程度，同样名为"耶加雪菲"的咖啡味道却天差地别，所以负责任的店家会贴心地为你标注它的产地、处理法、烘焙度。其实这么做是为了帮助你更轻松地挑选到自己喜欢的味道，但有的时候太详细的资讯却容易产生适得其反的效果，因为你根本看不懂老板在写什么东西。

换一个角度来思考，对于一家忙碌的咖啡馆来说，店家没有太多的时间为蜂拥而至的客人一一讲授咖啡知识。店家当然也希望客人能在点单以前，清楚知道自己选择的咖啡是什么样的风味，但是大部分的客人并不是咖啡领域的专业人士，点上一杯对味的咖啡，借此获得短暂的放松和愉悦，才是最重要的。在"选咖啡"这一章里，我会深入浅出地为大家介绍一些咖啡选择上的关键词，利用这些词我们可以编织出咖啡世界的经纬，希望你读完以后总是能在咖啡馆里选到对味的咖啡。

从文化因素看懂关键词，
破解咖啡馆菜单

　　我们常常因为一款咖啡有很多种称呼而感到疑惑。如果先撇开咖啡馆菜单中复杂多变的意式咖啡不论，你会忽然发现咖啡馆菜单中的咖啡大致可以划分为两种类型：第一种是以"文化因素"命名的品项，第二种是以"萃取方式"命名的品项。我们从这个角度来破解咖啡馆菜单会简单很多。比如，先看看这个品项是不是名词，如果是某个国家的名字，那这种咖啡多半就属于我们所说的第一种类型。

　　以文化因素命名的咖啡通常有一个共通点，它们会被冠以某个国家的名字。一般情况下，这种咖啡也的确是在那个国家被发明的，但是它可能已经流行于世界各地。典型代表如意大利咖啡，星巴克把"意大利咖啡"融入了摩登上班族的生活里，变成全世界最流行的咖啡文化，你在星巴克可以点到的品项，几乎都是意大利咖啡的一种。

　　然而这种根据国名命名的咖啡很难从字面上就了解其味道，这类咖啡如果

你没有喝过，根本没办法通过文字了解。像土耳其咖啡就是源自阿拉伯国家饮食文化系统的咖啡，单纯去考察它的煮法和形式倒不如亲自喝上一杯。品尝这类咖啡的时候，不妨把它当作一场异国小旅行，用开放的心态去体验不同国家、民族享用咖啡的方式吧！

咖啡的起源与世界各地的咖啡

想要深度探究这类咖啡，我们还需要稍微回顾一下人们喝咖啡的历史。谈起人类喝咖啡最早的历史起源，大抵都会提到"跳舞的山羊"的故事。这个故事很有名，但也有很多种版本，不同版本间最大的相同点就是都讲述了一名牧羊少年发现羊群因吃了某种果实而兴奋不已，接着人们尝试食用这种果实，然后发现它可以提振精神，就此发现了咖啡的故事。不过比起果实，山羊更喜欢啃食植物的叶子与树皮，所以故事的真实性恐怕不足以拿来参考。在人类饮用咖啡的前期，许多宗教修行者将其当作提神的饮料，就像佛教徒饮用茶一样。但人类一开始食用咖啡的时候，是食用它的叶子跟果实，直到发现经过火烤的咖啡种子带有迷人香气以后，饮用咖啡的文化才逐渐成形。

咖啡这种植物最早发现于埃塞俄比亚（巧的是人类的起源也是埃塞俄比亚）的西南边，是生长于原始森林底下的常绿灌木，当时在埃塞俄比亚流行的咖啡煮法叫作"Buna"。"Buna"并没有什么精致繁复的冲煮讲究，只是将烘熟的咖啡豆敲碎，再用滚烫的沸水浸泡然后倒入碗里即可。在埃塞俄比亚，"Buna"与其说是一种冲煮手法，不如说是一种迎接贵宾的仪式。这里我们不多做介绍，因为在现代的咖啡馆里，已经不太可能出现"Buna"让你选择。

很长的一段时间里，咖啡是属于阿拉伯世界的神秘饮品，直到16世纪，奥斯曼土耳其帝国的世纪战争才让咖啡进入了欧洲。当时的西方世界还为了这种神秘饮料到底是恶魔的诱惑，还是上帝亲吻的果实争论不休。直到爱咖啡的教皇克莱门特八世认可咖啡，争论才停止。如果你对咖啡的文化历史感兴趣，斯图尔德·李·艾伦的《咖啡瘾史》值得一读。接下来我们要对现代咖啡馆中常出现的咖啡品项进行介绍。

土耳其咖啡

土耳其咖啡盛行于阿拉伯国家，在相较于受欧美影响更多的亚洲咖啡馆里比较少见。土耳其咖啡利用长柄的铜制咖啡壶冲煮，相对于一般的过滤式咖啡，土耳其咖啡是不滤渣的，口感浓郁饱满。传闻土耳其咖啡的咖啡渣可以占卜，据朋友透露，这种占卜方式相当讲究日期，占卜时只能右手持咖啡杯，并且要用没有加糖加奶的咖啡。当然，如果你只想要纯粹地享受一杯咖啡，就把它当作趣闻听听就好了。

越南咖啡

越南咖啡是一种独特的调饮咖啡，使用的冲煮工具是颇具特色的"越南咖啡壶"，这种咖啡壶是一种使用"金属滤网"的滴滤式冲煮工具。越南咖啡通常用极深度烘焙的咖啡萃取后加入炼乳，形成一种独到的口感。另外，在烘焙的过程中，越南咖啡也是少数会加入奶油或者香料一起烘焙的咖啡，咖啡豆在烘豆机的锅炉中会吸收奶油香气或香料的味道。

越南也是重要的咖啡生产国，其咖啡出口量占全球咖啡贸易出口第一名。虽然越南产的咖啡豆不受精品咖啡从业者的青睐，但却供应了世界上绝大多数的商业咖啡。

爱尔兰咖啡

爱尔兰咖啡其实应该被归为调酒类饮品。这种咖啡在制作时，会将"意式咖啡"中的浓缩咖啡倒入专用的"爱尔兰咖啡杯"，再加入威士忌等调制。遇到菜单上有爱尔兰咖啡的咖啡馆，要怀着感恩的心，因为要做一杯正宗的爱尔兰咖啡不是那么简单，需要准备爱尔兰威士忌、砂糖、鲜奶油以及作为基底的浓缩咖啡。虽然备料单纯，但其中的细节却是你想象不到地费工夫。

荷兰式咖啡

荷兰式咖啡指的就是"冰滴咖啡"。荷兰式咖啡最大的特点是"长时间"以及"低温"的萃取方式，相较于常见的热水煮咖啡，荷兰式咖啡反其道而行之，使用常温或者加了冰块的冷水来萃取咖啡的风味。由于温度越低，咖啡的萃取和发酵速度会越慢，越需要时间，所以荷兰式咖啡会利用调节阀让水以较慢的速度通过咖啡粉，大致会以1～3秒1滴的速度滴入咖啡粉层中，因此也被称为冰滴咖啡。

塞内加尔咖啡

这是一款相当值得介绍的冷门咖啡。塞内加尔是位于西非的一个国家。这款咖啡的特别之处在于，咖啡未烘焙以前会加入胡椒与各类辛香料，烘焙之后用石臼捣磨成粉，用滤布滤渣后饮用。据传塞内加尔咖啡原来是药用的咖啡，但后来逐渐成为国人的日常饮品，现在似乎也开始流行于西非各国。我并没有喝过这款咖啡，但雀巢咖啡在2010年曾经推出过一款"图巴咖啡"（也就是塞内加尔咖啡的别称）。

古巴咖啡

古巴咖啡是一款从意式咖啡延伸出来的甜品，也会被当作咖啡鸡尾酒的基底。这种咖啡冲煮的方式几乎与意式咖啡一样，有人使用浓缩咖啡机作为萃取的器具，不过小家庭通常会使用摩卡壶，与一般意式咖啡稍有不同的地方是古巴咖啡会在冲煮的滤杯里加入蔗糖（注意不是煮完之后放糖）。蔗糖在古巴是相当重要的经济作物，大量地出现在古巴人民的日常饮食之中。

1. 冰滴咖啡据传是航海时代的荷兰水手发明的，将冷开水或冰块装入上层的盛水器内，底端有一个控制水流量的调节阀，将咖啡粉装入中间的容器里，让水一点一滴萃取而出。

2. 中东与非洲一带，会将豆蔻、肉桂等香料加入咖啡之中一起冲煮，创造出浓郁的风味。

3. 长柄的铜制咖啡壶是土耳其咖啡最显著的特征。

4. 使用金属滤网的越南咖啡壶冲煮出的咖啡口感醇厚，加入炼乳后形成独特风味。

5. 加入了威士忌、糖及鲜奶油的爱尔兰咖啡，喝时不需搅拌，一口即可尝到咖啡与酒香交融的滋味。

6. 在很多国家，糖是品饮咖啡时不可缺少的配角。

古巴咖啡可以被当作咖啡文化与当地民族社会环境融合的典型范例。在哈瓦那的咖啡馆，你能轻易地点到一杯加入了不同年份威士忌（或者朗姆酒）的"Cuban Shot"。

上述介绍的咖啡只是从丰富的咖啡文化中抽取出来的一小撮样品而已。如果有机会到异国旅行，不妨也走进当地的咖啡馆，品味一杯特色咖啡吧！

咖啡的"好莱坞"——浅谈全球化的意式咖啡

你一定喝过拿铁、卡布奇诺吧？你知道这些饮料都是意式咖啡的一种吗？意式咖啡起源于意大利，在美国得以发扬并以强势的姿态席卷全世界，这个模式与好莱坞席卷全球电影市场如出一辙。但与许多文化接轨世界的过

浓缩咖啡（Espresso）表面覆盖着一层绵密的金黄色咖啡油脂"克里玛"（Crema），是一大特色。

程一样，意式咖啡的文化也在影响世界的过程中，与各种饮食文化交融、创新，所以大部分我们接触到的意式咖啡已经不使用意大利传统的咖啡冲煮方式，而是经过改良设计后的新型意式咖啡。它们是以"浓缩咖啡（Espresso）"作为基底的饮品，结合牛奶、奶油、酒精、香料等，发展出数以百计的创意饮料。在一年一度的世界咖啡师大赛中，选手除了较劲谁做的浓缩咖啡比较好喝，还要同时做出与浓缩咖啡有关的创意饮品，而这股风潮也带动了意式咖啡文化的发展。意式咖啡有以下两大特色。

第一是"制作的快速性"。在传统意大利的咖啡厅里，每天动辄上百杯的消费量，在诸多咖啡饮品里也只有意式咖啡可以应付得来。制作一杯经典"浓缩咖啡"，熟练的咖啡师从点单、制作到送到客人面前甚至不用3分钟，而客人往往也是迅速地一饮而尽，这就形成了意大利咖啡馆特殊的风景——立吧（Stand Bar），客人就是来咖啡店补充一剂强而有力的咖啡因，然后动身前往下一个行程。

第二是"咖啡风味的强烈性"。"浓缩咖啡"是所有意式咖啡的基底，它的煮法是利用高压水流把芳香物质油脂逼出来，进而形成了特殊的金黄色泡沫，称为"克里玛"（Crema）。"克里玛"集结了咖啡豆里最香的精华，也强化了我们在品饮上对于浓稠度的感受。当初这种饮品被翻译成中文的时候，可能也是基于这种高压萃取"浓缩"精华的方式，所以才叫"浓缩咖啡"吧。

除了高压萃取，浓缩咖啡会用相当高的浓度来冲煮咖啡，意式咖啡的粉水比例在1：2之间，也就是说一次冲煮如果使用了18g的咖啡粉，只会煮出36g的咖啡。参考手冲和虹吸咖啡的粉水比例大致为1：10和1：15，就知道"Espresso"被叫作浓缩咖啡完全是有道理的。这样的高浓度可以使浓缩咖啡在加入其他调味以后，也不会散失咖啡的香味与醇厚度，最简单的例子就是用浓缩咖啡与牛奶调制的拿铁，会比用手冲黑咖啡与牛奶调制的饮品，咖啡味浓郁很多。

杯测师笔记

浓缩咖啡的咖啡因含量是最多的吗？

很多人认为浓缩咖啡表现出的强烈风味，代表它所含的咖啡因比其他咖啡多，其实这是一个我们因直观感受以及翻译名称（浓缩听起来像咖啡因超浓缩）形成的误解。事实上，咖啡因的释出跟两个条件直接相关："冲煮时水的温度"以及"水与咖啡粉作用的时长"。冲煮浓缩咖啡的水的温度（92~96℃）并不是所有冲煮法里面最高的，而且它属于短时间冲煮（20~30秒），所以咖啡因含量是相对少的。从数据统计来看，在同样容量的饮品中，浓缩咖啡加牛奶制成的拿铁，咖啡因含量为75mg，而美式咖啡的咖啡因含量则是150mg，至于滴滤式咖啡则含有240mg的咖啡因。

点一杯意式咖啡吧！

你知道吗？如果我们把全世界咖啡馆的菜单通通拿去做"字频分析"——某些字在特定文章内出现的频率，"拿铁""卡布奇诺""摩卡"可能是名列前茅的高频词。菜单直接反映了顾客的需求，这几项意式咖啡饮品应该算得上全世界的人们最喜欢的咖啡饮品吧。以下选录了意式咖啡饮品中最常出现的品项，读过后你可以更明确地选择你想喝的意式咖啡。

浓缩咖啡 Espresso

不怕你笑，我第一次点浓缩咖啡是因为它的价格比其他品项便宜。点完之后我吓一跳，因为浓缩咖啡只有30ml，大概就是超市那种试饮活动的杯子

意式咖啡的种类

30ml		
ESPRESSO 浓缩咖啡	LATTE 拿铁咖啡	CAPPUCCINO 卡布奇诺
MOCHA 摩卡咖啡	CON PANNA 康宝蓝咖啡	MACCHIATO 玛奇朵咖啡
AMERICANO 美式咖啡	PICCOLO 短笛咖啡	FLAT WHITE 小白咖啡

● 意式浓缩咖啡　● 奶泡　● 巧克力　● 热牛奶　○ 鲜奶油　● 热水

意式咖啡的种类繁多，也是让咖啡风靡全世界的重要原因。

大小。没有心理准备的人请不要随便点浓缩咖啡，因为它的味道真的超级强烈！

浓缩咖啡有时候被认为是行家才会点的饮品，因为要想煮出美味的浓缩咖啡，要求咖啡师拥有深厚的冲煮功力，普通的咖啡师只会煮出又苦又涩的浓缩咖啡。意式咖啡因为萃取的原理比较特别，所以它会放大咖啡所有的优点与缺点，冲煮的功力、烘豆的功力全部都会在这30ml中诚实地展现。

有时候你点浓缩咖啡，咖啡师还会问你是要"单份（Single Shot）"还是"双份（Double Shot）"，这是因为浓缩咖啡在冲煮的过程里会通过咖啡机的分流槽，将咖啡引入两个小杯中，如果你选"双份（Double Shot）"就会是60ml的浓缩咖啡。

拿铁咖啡　Latte

"Latte"的意思是牛奶，在欧洲国家如果想点拿铁，你一定要说出拿铁咖啡的全名"Coffee Latte"，否则你拿到的会是一杯牛奶。欧美、澳洲地区的拿铁，小杯的容量大概为240ml，浓缩咖啡与牛奶的比例在1∶5～1∶6，奶泡的厚度小于1cm。因为奶泡有一定的流动性，所以许多咖啡师会利用这个特点做出牛奶与咖啡的黑白间隔，以及各种图案与线条，这个步骤称作"拉花"（Latte Art）。

　　台湾地区的拿铁分量通常是280～300ml，因为分量比较大，所以有的店家会使用双份的浓缩咖啡——就是我们刚才提到的"Double Shot"，牛奶的比例会更高，并且有多种"调味果露"，可以调制出各种"风味拿铁"。拿铁因为高比例的牛奶融入，加强了咖啡整体的甜味与圆润度，如果你想喝咖啡味淡一点的意式咖啡，拿铁是不错的选择。

意式浓缩咖啡几乎是所有咖啡馆制作咖啡饮品时不可或缺的基底，在此基础上可调制出各种咖啡饮品。

卡布奇诺　Cappuccino

"Cappuccino"源自意大利语，原本是形容天主教修士的棕色袍子，后因颜色很接近，所以也把这种咖啡昵称为"Cappuccino"，其更早之前的名字反而没有流传下来。

几乎所有的意式咖啡都有"地域区别"，在欧美、澳洲地区一杯卡布奇诺的容量为150～180ml，而在台湾地区一杯卡布奇诺180～360ml的都有。

卡布奇诺的特色是带有弹性与厚度的绵密奶泡，但我在台湾地区很少喝到真正的卡布奇诺，一般情况下拿铁跟卡布奇诺没有明显区别。真正的卡布奇诺，其浓缩咖啡的用量与拿铁相同，但牛奶的含量则少于拿铁，而奶泡的厚度会超过1cm。如果你想喝咖啡味更浓一点的意式咖啡，但还没有做好喝浓缩咖啡的心理准备，卡布奇诺是不错的选择。

摩卡咖啡　Mocha

摩卡咖啡不好解释，它就好像在一家公司里同时有三个叫张三的人一样，你很容易混淆。"摩卡"一词所表示的，不仅是一个产地，也是一种咖啡品种，同时还是一种意式咖啡饮品。以前也门的摩卡港出口的咖啡被称为摩卡咖啡，这种咖啡具有巧克力风味，不知道是否是基于这个特征，后来的人便把加入巧克力的意式咖啡称为"摩卡咖啡"。

意式咖啡里的摩卡咖啡，不见得是使用也门摩卡的豆子，更不一定是摩卡种的咖啡豆，而是单纯指加入巧克力的牛奶咖啡。摩卡咖啡比起拿铁似乎更有魅力，想想一杯将咖啡香、奶香与巧克力香三合一的饮品，谁能抗拒呢？

康宝蓝咖啡　Con Panna

康宝蓝咖啡的"灵魂"是新鲜的鲜奶油，其做法非常简单——在浓缩咖啡中挤上鲜奶油，但却拥有隽永的滋味。喝法也多种多样，分开喝者有，搅拌融合喝者有，分层喝者也有。如果咖啡馆菜单上有这款咖啡，也是店家对自家手艺的自信展现，毕竟它与单喝浓缩咖啡已经很接近了，所以要不要点上一杯康宝蓝咖啡，凭的就是你有多信任这个咖啡师了。

玛奇朵咖啡　Macchiato

"Macchiato"在意大利语中是"标记""烙印"的意思，正宗的玛奇朵咖啡跟康宝蓝咖啡类似，只是把其中的鲜奶油换成奶泡而已，一杯浓缩咖啡里倒入一点用牛奶打发的奶泡，有淡淡的奶香，又有浓郁的咖啡味。许多

咖啡馆还会加入焦糖，做成"焦糖玛奇朵"，人气更高。

美式咖啡　Americano

这种美式咖啡并不是用滴滤咖啡壶煮出来的咖啡，而是将浓缩咖啡加水稀释后制成的饮品。在意式咖啡文化西进美洲大陆时，美国人喝不惯味道强烈的浓缩咖啡，于是想出了加水稀释的方法，这种快速冲煮的方式顺利风靡全美。

我觉得喝美式咖啡是一种学习品尝浓缩咖啡很好的练习。刚开始喝不惯，但是又想学习品尝浓缩咖啡的朋友，不妨从美式咖啡开始。因为美式咖啡降低了浓度，可以让你更容易地品尝出咖啡的味道，随着你的练习次数不断增加，逐步减少稀释的水量，过不了多久你就能直接面对浓缩咖啡了。

短笛咖啡　Piccolo

"Piccolo"是短笛的意思，这款咖啡是由澳洲的意式咖啡文化发展出来的新饮品，并风靡到了欧洲与美国地区。其发明起因于许多澳洲咖啡的烘焙程度不深，为了保留咖啡原本的味道，便将原来拿铁咖啡的容量缩小为90ml。注意，不要把短笛咖啡跟玛奇朵咖啡搞混了，玛奇朵咖啡的容量差不多是30ml，加上一点奶泡（不是牛奶），短笛咖啡从容量上来说，更像是"小杯"的拿铁咖啡。

小白咖啡　Flat White

意式咖啡文化在进入澳洲与新西兰地区的200多年间，随着地域的隔离演变出了当地独步全球的咖啡文化，孕育出了自己独特的亚种，短笛咖啡是一种，小白咖啡也是。

"Flat White"从字面上理解，感觉像是指一杯饮料上有一层平平的白色物质。这种咖啡的容量不固定，一般为150～210ml，咖啡味介于卡布奇诺与拿铁之间，奶泡的厚度比拿铁更薄，通常为5～8mm。其做法与调制比例非常灵活，至今咖啡师们也都还在为"Flat White"正规的配方比例争论不休。

不管如何，"Flat White"已经从澳大利亚与新西兰地区漂洋过海红遍世界，许多知名咖啡连锁店也开始在菜单中加入了这个新品，例如星巴克的"馥芮白"即"小白咖啡"。

上述的意式咖啡包括了菜单上大多的热门饮品，其中单纯与牛奶调和的就有五种。然而我们也不用如此严肃地去品尝咖啡，这些简单的概念也只是为了帮助我们快速地去理解每种咖啡之间的差别。但是有哪一间餐厅每天都严格依照菜谱比例做菜呢？大多数的咖啡馆还是会依照实际的情况为自己的咖啡做一些用料比例的调整，所以你也不用诧异怎么在这家店喝的拿铁，像是在另一间店喝的卡布奇诺。我觉得创意性与趣味性是意式咖啡文化最重要的基因，找到对味的咖啡比它叫什么更重要，对吧？

从萃取方式看懂关键词，
破解咖啡馆菜单

　　能够破解咖啡馆菜单的第二个关键词是"萃取方式"。我们常常听到的手冲咖啡、虹吸咖啡，其实指的是咖啡的萃取方式。咖啡馆菜单的复杂源于有一些咖啡有"双重身份"，比如冰滴咖啡是以萃取的方式命名，但是又有些人叫它荷兰式咖啡。而有些咖啡只有一种名字，像手冲咖啡最早是由德国人发明的，但没有人把手冲咖啡叫作"德国咖啡"。当你一旦熟悉每种萃取方式带来的风味变数，就代表你在选咖啡的时候越来越像咖啡达人了。

　　如果在咖啡馆菜单上，你看不出某款咖啡名字中有地名，你可以看看这个名字是不是表示一种"动作"，例如，"手冲"是指我们用壶将水冲入滤杯的动作，"冰滴"是形容冰块融化滴入咖啡粉的动作。当一款咖啡的名字是在描述一种动作的时候，就代表它是以"萃取方式"来命名的咖啡。以动作来命名的咖啡很多，但是萃取方式只有滴滤式、浸泡式、加压式三种。

在菜单上选咖啡的时候，如果选以萃取方式命名的咖啡更容易喝到预期的咖啡风味。比如，我点的是手冲咖啡，因为手冲咖啡属于"滴滤式萃取"，所以我就知道，稍后送上来的咖啡至少不会有其他萃取方式的风味特征。

咖啡是如何被萃取的？

　　"咖啡萃取"指的是通过水将咖啡粉中的物质溶出的整段过程。还记得化学课上的溶解实验吗？老师会给我们一包糖和食盐，这些在水里可以溶解的物质称为溶质，水是溶剂。老师会要求大家将溶质秤重以后倒入水中，当糖和盐放入一定量以后，就会停止溶解，沉淀在水底，这就是饱和状态。在

实验中，我们会知道定量的水通常情况下放入多少溶质会达到饱和状态。饱和状态就是指这杯水不可能再溶解任何溶质。

在煮咖啡的过程中，水会把咖啡粉里可以溶出的溶质溶解进水里，正是这些能够被溶进水里的物质成就了一杯咖啡。如果分析其中的成分，会发现整杯咖啡中98%～99%是水，能够让这98%～99%的水变化出千香百味的神奇物质就是那些溶入水里不到2%的溶质。

咖啡的成分里面不可溶于水的物质占了大多数，这些不可溶解的物质通常是植物的纤维，所以煮完咖啡后会留下咖啡渣。人们之所以不断改进煮咖啡的工具与技术，其实就是为了改变溶解在水里的那些溶质的比例与成分。专业的咖啡师会计算有多少咖啡粉里的可溶性物质成功地溶解到了水里，而这个比例就被称为"萃取率"。

影响萃取率的五种基本元素

1. 温度

在化学的溶解实验中，我们可以发现当温度提高的时候，原本呈现饱和状态的糖水可以溶解更多的糖。同理，煮咖啡的时候，温度也会直接影响萃取率，所以萃取时，会把焦点放在每一种萃取方法所使用的水温上。

2. 搅拌次数与力道

搅拌糖水是不会提高溶解率的，但是还未达到饱和状态的糖水，通过搅拌可以更快速地将糖溶解。在煮咖啡的过程中，不管是用木棒搅拌还是用水流扰动，原则上扰动咖啡粉的力道与次数，与萃取率呈正相关。

3.时间

　　因为不是所有能溶于水的咖啡物质都会形成好喝的味道，所以会通过控制时间来控制萃取的进程。煮咖啡时，只要冲煮不停，咖啡中的物质就会持续溶解，不论是好喝的溶质，还是不好喝的溶质都会溶进你的咖啡里。但是，时间的控制必须配合其他参数的调整，比如，萃取的温度越高，所用的时间越短。

4.咖啡粉的粗细

　　咖啡粉越细，咖啡粉中的物质越能轻松溶于水中，产生比较高的萃取率。好的咖啡师会利用咖啡粉的粗细，来调整萃取率。

5.压力

　　改变萃取压力会使整个冲煮的环境变得不同。高压萃取会让某些原本难溶于水的物质溶入水中，制作出的咖啡与其他无压力的萃取方式相比，在风味上会有极大的差异。

萃取方式1　滴滤式萃取

风味特色

滴滤式萃取的咖啡风味多变，并且在味道上有明显的层次感，带有明亮干净的口感。一般而言，滴滤式咖啡的味道最淡，但容易感受出每一款咖啡豆的风土特色。

原理

采用滴滤式萃取咖啡需要有一个承装咖啡粉的"杯子"，这个杯子的底部会有一个或多个孔让水可以流出，中间可能会用不同的介质挡住更细小的粉末。滴滤式咖啡利用水往下流的特性，引导水通过咖啡粉溶出咖啡，最后再用各种介质把已经萃取出的咖啡与咖啡粉分离。

承装咖啡粉的杯子叫作"滤杯"，滤杯不能装水，因为所有的水都会从底部的孔流走。制作滴滤式咖啡就是在装满咖啡粉的滤杯中倒入热水，让水经过咖啡粉时溶解出咖啡粉中的溶质，然后落入滤杯底下的玻璃壶或者马克杯之类的容器中。

冲煮重点

这种煮法难以精准控制时间，因为是在一个开放性的滤器中对咖啡粉进行溶解，当水从滤器上方流入以后便会不间断地从底部流出。在本篇介绍的三种萃取方式中，滴滤式咖啡所使用的咖啡粉粗细介于另外两者之间，太粗的咖啡粉会让水快速通过粉层，冲煮出淡而无味的咖啡，太细的咖啡粉又会让水无法顺利通过粉层，冲煮出的咖啡又苦又涩。

在滴滤式咖啡中，水流进滤杯的强弱、频率会影响咖啡粉被扰动的程度，有经验的冲煮者会根据咖啡粉的状态调整给水方式。一杯理想的滴滤式咖啡应该要有"香醇""干净""尾韵明显""层次感"等品质。

滴滤式萃取的水温下降的速度是三种萃取方式中最快的，热水在热水壶中会散失热度，碰到咖啡粉的时候又散失了一些热度，接触到滤杯时又散失了一些，直到萃取出的咖啡滴入承装器皿时还会散失一些，所以用滴滤式萃取煮出的咖啡通常煮完时温度就到可以入口的程度了。散热较快的特性使这种咖啡的萃取率相对比较低，但也因为咖啡粉每次吸水时的温度不同，造成了风味上的多变与层次感。

滴滤式咖啡的冲煮中并没有"压力"的作用，所以不用探讨压力对风味的影响。反而是过滤咖啡的介质对味道的影响更大，不同材质的滤器就像相机的不同滤镜，会带出咖啡不同的风味。

滴滤式咖啡① | 用光阴滴酿香醇的"冰滴咖啡"

冰滴咖啡的别名是荷兰式咖啡（Dutch Coffee），"Dutch"这个词特指荷兰民族，以Dutch命名也代表这种咖啡并不是在荷兰本土发明的，而是指航海时期在荷兰水手中流行的冲煮方式。虽然如同许多咖啡的起源一样，Dutch Coffee是不是荷兰人发明的也是个"历史悬案"，但比起考究真实的咖啡起源史，我们更关心能不能喝到好喝的咖啡。

冰滴咖啡壶是典型的滴滤式设计，标准的冰滴咖啡壶由四个组件构成，由上至下分别是承装冰块与冰水的上壶、承装咖啡粉的玻璃滤杯、承接流下来的咖啡液体的蛇管和承接蛇管的下壶。既然我们是在萃取原理这一节讨论冰滴咖啡，自然要从"五种基本萃取元素"的角度来介绍它。刚刚讲过滴滤咖啡不存在加压，所以冰滴咖啡也是在正常的大气压下进行萃取。所使用的咖啡粉的研磨度中等偏粗，主要依据咖啡豆的新鲜程度进行调整——排气旺盛的豆子会使滤杯堵塞。冰滴咖啡的水流是点滴状的，像钟乳岩上落下的水滴，在上壶的底部有一个名叫"水滴调节阀"的水流控制开关，可以随意调整水滴落的速度。翻搅咖啡粉时，力道要非常轻，像细雨滴落土地那般。

冰滴咖啡最大的特色是低温冲泡与长时间的萃取。冲泡冰滴咖啡的水从常

有些冰滴咖啡壶会设计蜿蜒的蛇管，增加咖啡液与空气的接触面以利发酵。

温水到4℃都可以。冰滴咖啡完成萃取的时间非常久，有些商用的冰滴壶甚至需要8个小时进行萃取。冰滴咖啡壶"蛇管"的设计也增加了总体的萃取时间，咖啡从滤杯中流出后，会被导入蛇管内一圈一圈绕着落到下壶。这是为了让冰滴咖啡与空气的接触面更大，接触时间更长，以进行发酵。

这样低温、长时间的滴滤方式，让冰滴咖啡具有尾韵绵长与口感柔顺的特色，并且增加了咖啡本身的香醇感，又减少了酸涩、焦苦的风味。冰滴的过程中，咖啡会持续进行发酵，许多人第一次喝冰滴咖啡的时候，甚至以为这是一款加了酒的特调咖啡。

滴滤式咖啡② | 豪放自由派的"美式咖啡"

哥伦布发现新大陆的几个世纪后，咖啡文化也随着追求自由、崭新人生的新移民来到了美国，形成了与旧大陆那种繁复讲究截然不同的咖啡文化。美式咖啡文化的骨子里不喜欢被设限，于是最简单的美式滴滤壶就被发明了出来。

在前文提到的意式咖啡中，也有一款咖啡叫作"美式咖啡"（Americano），这两者是一样的咖啡吗？不一样。要如何分辨两者的区别呢？一般的咖啡馆深受意式咖啡文化影响，所以大部分的咖啡馆菜单里所指的美式咖啡，大多是浓缩咖啡加水稀释的"美式咖啡"。更靠谱的判断方式是直接望向咖啡馆吧台的工作台，如果你只看到意式咖啡的咖啡机——这种机器有一个打发牛奶的蒸奶棒，就代表这间店的"美式咖啡"是刚刚说的意式咖啡的一种。但是，如果你看到一台咖啡机，并没有蒸奶棒，而是一台保温盘上放着咖啡壶的机器，这才是接下来要介绍的"美式咖啡"。

这种滴滤式萃取的美式滴滤壶，在机器设计上讲求操作方便，构造也相当简单：一个储水箱；一组加热水的加热元件，底部有一个或多个让热水流出的细孔，当水达到设定温度时，就会从细孔流出，滴进放置了咖啡粉的粉槽，最后流进承接咖啡的玻璃下壶。有些机种在玻璃下壶的底部还设计有保温盘，可以让咖啡保温。

这种美式滴滤壶通常出现在家里的厨房、办公室的茶水间、餐厅无限畅饮的吧台，是给"补充咖啡因"的族群使用的滴滤式冲煮工具，通常不会纳入品味咖啡的讨论范围，也很难在正统咖啡馆的菜单上点到这种美式咖啡。

滴滤式咖啡③｜职人风范的"手冲咖啡"

介绍完豪放自由的美式咖啡，接下来要介绍的滴滤式萃取就是"手冲咖啡"了。手冲应该是所有煮咖啡的方式中最具表演性的一种，咖啡师的手里握着美丽的手冲壶，屏气凝神地将水注入一个小巧的滤杯里，咖啡粉在滤杯中吸水、吐气、膨胀，从滤杯的下沿你可以看到琥珀色的液体流入玻璃壶中，咖啡香也跟着弥漫出来，随着滤杯内的水全数流出，一杯手冲咖啡也就完成了。

手冲咖啡壶的构造与美式滴滤壶没有太大的分别，最大的不同在于给水的部分，前者是手工给水。手冲咖啡正蓬勃发展，每一年都有新的滤杯、手冲壶推出，但手冲咖啡易学难精，在第三章我们会介绍更多煮咖啡所需要的技巧。

杯测师笔记
美式咖啡机也能煮出好咖啡吗？

　　市面上便宜的低端美式咖啡机碍于成本考量，时常有加热不均、水温不足的问题，加上以小孔让热水流出，并不计算咖啡的新鲜度与排气量的给水方式，煮出来的咖啡易呈现各种"萃取不足"或"萃取过度"的风味。

　　然而，近几年开始，美式咖啡机也逐渐走向精品化，除了内置微电脑控制水温、注水方式以外，顶级的美式咖啡机还可以云端下载知名咖啡大师的手冲数据，模拟出一套可以比拟职人名家的手冲咖啡的冲煮方式。

萃取方式2　浸泡式萃取

风味特色

浸泡式萃取的咖啡具有香气饱满、风味集中的特性，整体的厚实感与口感都十分完整。在相同的萃取条件下，浸泡式咖啡的味道是三种萃取方式中最平衡的一种。另外，浸泡式萃取有较高的冲煮稳定性，所以适合用来评判咖啡豆在烘焙与品质上的优劣。第一章我们曾提过的杯测（Cupping）也是利用浸泡式萃取的方法。

原理

浸泡式咖啡的原理最为简单，也是人们最早发明的冲煮方法，这种方法普遍应用在各种可以用水冲煮的食材上，像茶叶、草药等。用泡茶的方式解释咖啡的浸泡式萃取最为贴切：首先将茶叶放进茶壶里，加入热水以后静置几分钟，再一口气将茶水从壶中倒出来即可，咖啡的浸泡式萃取也是如此。

改良后的咖啡浸泡式萃取，煮法有很多种，包括单纯加入热水的"浸泡式"，在加入热水后持续用火加热外壶的"烹煮式"，以及利用虹吸原理的"虹吸式"。不管哪一种方式，浸泡式萃取的基本原则就是将热水与咖啡粉同时装入壶内，通过搅拌或者扰动的方式将咖啡的风味溶出，最后在规定时间将咖啡粉与水分离。

冲煮重点

浸泡式萃取的煮法能精准控制时间，因为它是通过封闭性的咖啡壶进行萃取，所以只要让热水与咖啡粉分开，萃取就会停止。在五种萃取基本元素里，浸泡式对"时间"的要求最高，浸泡的时间不足则萃取出的咖啡风味稀薄，浸泡的时间过长则萃取出的咖啡风味苦涩、杂味明显。

搅拌的手法力道是冲煮虹吸式咖啡的重要技巧。

　　浸泡式萃取所使用的咖啡粉的研磨度普遍略粗于滴滤式萃取，因为太细的咖啡粉颗粒会在完全浸泡的时候释放过多负面风味的物质，所以人们习惯使用较粗研磨度的咖啡粉。

　　并不是所有的浸泡式咖啡都要搅拌，搅拌的目的在于让咖啡粉里的气体快速排出，加快水溶性物质溶出的速度。比如，在虹吸式咖啡的冲煮过程中，相当讲究搅拌的手法力道，甚至有非常多种搅拌法对应着不同的冲煮目的。

浸泡式咖啡①｜居家好用的"法式滤压壶"

　　法式滤压壶是典型的浸泡式萃取器具，构造简单、使用与清洁方便，而且可以将影响冲煮的变因降到最低。这代表任何人只要有新鲜、高品质的咖啡豆，用法式滤压壶很容易就能冲煮出一杯不错的咖啡。稳定冲煮这个优点让这种器具在19世纪发明之初，就大大改变了整个欧洲大陆冲煮咖啡的方式。

法式滤压壶有三个主要的部件构成，由外至内分别是承装水与咖啡粉的玻璃外壶、过滤隔离咖啡粉的金属滤网，以及控制滤网高低位置的拉杆。用法式滤压壶冲煮一杯咖啡非常简单：先将咖啡粉置入玻璃壶（这个时候壶内没有拉杆和滤网），然后把定量的热水注入壶中，让咖啡粉浸泡数分钟，接着将拉杆与滤网装上，放入玻璃壶，最后缓缓压下拉杆后倒出咖啡液——剩下的咖啡渣会被滤网留在咖啡壶中，就完成冲煮了。

便利的法式滤压壶不仅可以家用，也适合咖啡馆商用，因为它大大降低了冲煮的门槛与技术条件。法式滤压壶的金属滤网虽然保留住了咖啡的油脂与醇厚度，但冲煮出的咖啡喝起来有混浊感，有的时候还可能喝到一点咖啡细粉的残渣。

冲煮便利的法式滤压壶。

正在冲煮的虹吸咖啡壶。

浸泡式咖啡② | 像实验室器材的 "虹吸咖啡壶"

相对于法式滤压壶适合居家使用的特性，虹吸咖啡壶很像会出现在实验室里的器具。在台湾地区的咖啡文化还受日式咖啡文化影响的年代，不管是西餐厅还是咖啡馆，成排摆放的虹吸咖啡壶是当时的主流冲煮器具。

虹吸咖啡最大的特色就是利用加热空气的方式让水接触咖啡粉，这是什么意思呢？我们要先了解虹吸咖啡壶的构造。虹吸咖啡壶主要分成上、下两部分，上半部有一个管状的玻璃上管，下半部则是球状的玻璃下球。在玻璃上管中，我们会置入一个法兰绒滤布，在玻璃下球的底部放上酒精灯或瓦斯灯加热。一开始，玻璃下球内会有定量的热水，并且持续地被加热，接着把玻璃上管与玻璃下球结合，两者之间的接合处有橡胶环避免空气逸散。下球内的水会被受热膨胀的空气推挤，沿着管壁上升到玻璃上管之中。

此时在上管中放入咖啡粉，你会看到下球内没有水，但上管中泡着咖啡的神奇现象。等到浸泡的时间一到，就会把用于加热的酒精灯熄灭，下球内的空气会因为降温而收缩，上管中煮好的咖啡在重力的作用下流回下球，而预先置入的滤布则会将咖啡渣留在上管。

虹吸咖啡壶煮出的咖啡香醇浓郁，如果咖啡师的功力足够深厚，还可以喝到果冻般的 "胶质感"。刚煮好的虹吸咖啡相当烫口，毕竟全程都是在恒温甚至升温的环境中进行冲煮，可别一股脑儿喝入口中啊！

萃取方式3 加压式萃取

风味特色

　　加压式萃取是咖啡冲煮历史上具有里程碑意义的发明，从广义的角度说，任何在冲煮环节提高大气压力的煮法都是加压式萃取。不过，引起普遍讨论的是意式咖啡机的加压萃取。因为只有意式咖啡机才能达到超过9个大气压力的加压萃取，这是许多家用的加压式咖啡冲煮器具无法达到的。

咖啡师的新宠道具"布粉器"，在填压意式咖啡机的咖啡粉饼之前使用，可以帮助咖啡师将咖啡粉更均匀地分布在把手滤杯之中。

加压式萃取最大的特色是利用气压改变咖啡整个萃取与溶解的过程。在萃取的过程中，一般易溶于水的物质先溶出，然后再溶出各种芳香物质。咖啡粉里许多难溶于水的物质，以及在萃取过程中容易逸散的空气，在无加压的萃取环境里（浸泡式与滴滤式萃取都是无加压的萃取方式），这些无法变成咖啡的"逃跑分子"，加压以后都进到了咖啡里。

加压萃取的意式咖啡与其他咖啡最明显的不同就是咖啡表层的"克里玛"（Crema），Crema不能简单地理解为"咖啡油脂"，就是因为其真正的成分是乳化油脂、二氧化碳和芳香物质。如果说浓缩咖啡是整个意式咖啡的"灵魂"，那"克里玛"就是组成"灵魂"的"三魂七魄"，它决定了整杯浓缩咖啡的香气与口感，若把"克里玛"用汤匙舀掉，这杯浓缩咖啡就只是一杯平淡无奇又超浓的黑咖啡而已。

原理

最初加压冲煮咖啡是为了加快煮咖啡的速度，以符合工业时代的快速原则，但却意外开拓了冲煮咖啡的新世界。意式咖啡机通过泵（Pump）来加压。简单来说，泵就像是一个抽水马达，不同品牌的咖啡机，泵会有部分设计上的差异，但基本就是一个马达配上扇叶，当马达开始运转时，会带动扇叶运转，从而达到加压的效果。

冲煮重点

加压式萃取到底加了多少压力呢？一般商用咖啡机的压力会设定在9个大气压，大气压力不是重量计算单位，而是表示单位面积上的大气压力。咖啡机所使用的粉饼面积直径接近6cm（58mm）。加压式萃取会使用细研磨的咖啡粉，并且要用压粉锤（Tamper）把蓬松的咖啡粉压实，才能够抵挡住9个大气压的水压，让水不会太快通过粉层。

加压式萃取冲煮出的咖啡所散发出来的香气，与没有加压的冲煮方式萃取出的咖啡相比，简直是天壤之别。法式滤压壶改变了欧洲家庭煮咖啡的工具与习惯，而意式咖啡机则改变了整个煮咖啡的观念与面貌。正因为加压式萃取的咖啡的高浓度特性，比其他类型的咖啡更适合搭配牛奶，使得意式咖啡文化和拿铁艺术（Latte Art）蓬勃发展，让咖啡在全球有更深更广的普及。

研磨粗细度与适用萃取方式

粗研磨	中研磨	细研磨
颗粒如同粗砂糖，适合法式滤压壶、过滤式咖啡壶等浸泡式萃取。	颗粒比细砂糖略粗，适合手冲、虹吸壶、美式咖啡机等滴滤式萃取。	颗粒如同细砂糖，适合摩卡壶冲煮，更细的研磨度则适合意式咖啡机。

什么是"精品咖啡"，
什么又是"单品咖啡"？

　　在咖啡漫长的饮用史里，人们喝咖啡大部分是为了提神，这一观念直到20世纪的下半叶才有所改变。经济水平的提升带动了生活品味的追求，咖啡从饮食文化的附属摇身一变成了主角，越来越多人喝咖啡，把咖啡当红酒一样来品味。就像顶级的红酒很少跟其他酒拼配一样，高品质的咖啡会用最细致的方式进行冲煮，然后以不添加其他香料、糖与牛奶的方式被饮用。

　　20世纪初，单独品饮咖啡才开始盛行于北美与欧洲。在这之前，咖啡多被制成低品质的即溶式咖啡调饮包，或者与牛奶、各类调味料搭配的咖啡特调。因为单独品饮咖啡的流行，产业的供需两端慢慢产生了改变。

　　早期的咖啡多以产地的出口港取名，比如巴西圣多斯、也门摩卡等。这些咖啡经过海运，抵达消费国当地的烘焙工厂进行烘焙后，进入大大小小的咖啡馆。即使是同一个出口港的咖啡，也会随着上游端的生产水平的变化，品质有好有坏。

　　但是随着消费者品味的提升，咖啡界也开始讲究追求可溯源生产履历——从大范围的产地国、种植庄园到更具体的咖啡合作社、果实处理厂，透明的生产履历能够避免良莠不齐的咖啡掺杂在一起。这种来自单一产区，制作过程不混杂其他产地的咖啡，被称为"单品咖啡"（Single Origin Coffee）。"单品"概念的提出对咖啡产业来说是一件三赢的好事，对客人来说，大幅度降低了踩到"地雷豆"的机会，同时鼓励生产者种出更好品质的咖啡，也让咖啡师与烘豆师可以更清楚地认识自己所冲煮与烘焙的咖啡。

　　但是单品咖啡只能借由产区的分类进行品质的筛选，并没有真正从品质上去挑选咖啡豆。即使是单品咖啡，也会因为不同生产条件而有品质好坏的分别，全世界依靠生产咖啡谋生的农民有1.25亿人，成千上万个咖啡庄园、合作社在生产咖啡，我们不可能记得每一款单品的名字与它的品质。

所以，单品咖啡仅仅表示了咖啡具备透明可溯源的履历，不足以作为高品质的保证。为了解决单品咖啡所不能解决的问题，许多咖啡爱好者开始提倡精品咖啡（Speciality Coffee）。精品咖啡建立在单品咖啡重视"生产履历"的基础上，强调咖啡种植的环境如红酒庄园一般，"风土条件"与"微气候"对品质影响甚大。精品咖啡的定义更会随着消费市场越来越刁钻挑剔的品味不断改变。

比如，精品咖啡在1978年的定义是"在特别气候与地理条件下培育出的具有独特风味的咖啡豆"。而在2009年，美国精品咖啡协会又对精品咖啡进行了重新定义："杯测分数达到80分以上者称为精品咖啡。"而随着新的科技、新的观念不断涌入咖啡产业，咖啡爱好者们会继续为精品咖啡寻找新的定义。

认识精品咖啡的产区

精品咖啡强调风土条件的差异，不同地方长出来的咖啡会有不同的风味。正常状况下，地理位置越接近的产区，风味越接近，地理位置相差越远，风味越不同。所以在认识咖啡的时候，我们习惯先从相差最远的洲与洲之间开始。因为咖啡属于热带农业，所以只能够生长在非洲、南亚、中美洲以及南美洲部分地区。下面为大家介绍每个洲所产的精品咖啡的特色。

一、东非

位于东非的咖啡生产国包括北部的埃塞俄比亚，邻近印度洋的肯尼亚、坦桑尼亚、马拉维，内陆的乌干达、卢旺达、布隆迪，以及最南边的津巴布韦、赞比亚。东非产区接近赤道，阳光强烈，虽然咖啡是热带作物，但是温度过高的环境容易造成病虫害的盛行，但因为非洲产区都是平均海拔1000米以上的高原，不仅使咖啡躲过了病虫害的威胁，也使该产区的咖啡果实成熟的速度比较缓慢，能够长出味道甜美扎实的咖啡豆。

位于非洲大陆西侧的刚果、科特迪瓦等国也有咖啡种植的产地，但这边栽种的主要是抗病虫害的罗布斯塔种，这种咖啡虽然容易栽种，但品质却相对较差，通常会被用作商业咖啡，卖到跨洲的大型连锁品牌做成速溶咖啡，所以在精品咖啡的世界很少见到这些西非国家产的咖啡。

东非的咖啡给人活泼、强烈的印象，有水果的风味，植物的花香味，强烈、层次分明的酸味，以及令人着迷的复杂风味。许多咖啡专家认为这种风味的形成是因为非洲是咖啡的故乡，所以保留着庞大的咖啡品种基因库，至今还有几百种原生咖啡品种尚未被辨认归类，从而造就了东非产区独一无二的风味复杂度。

二、南亚

亚洲的咖啡产地由西至东有印度、中南半岛诸国、印尼群岛、新几内亚岛，产地比较分散且各具特色。南亚群岛的破碎地形使得整个南亚的咖啡风味没有整体性的共同特色。

在众多的亚洲咖啡之中，印度尼西亚生产的咖啡最广为人知。印尼咖啡的特点是：酸度低，口感温和醇厚，有杉木、香料、青草的风味。这种风味一方面由产地的风土气候造就，另一方面则源自印尼独特的果实处理法——湿刨法。

三、中南美洲

美洲种植咖啡的国家很多，从北美的墨西哥、中美洲诸国，一直到南美洲的秘鲁与玻利维亚。这些种植咖啡的国家在航海时代多数是欧洲国家的殖民地，为了满足殖民者的咖啡需求，被迫改种大量的咖啡，直到现在咖啡还是这些国家重要的经济收入来源。

美洲产区因其幅员辽阔，每个地区的咖啡也风味不同，但因为美洲并不是像南亚那样破碎的岛屿地形，而是基本连续的大陆地形，所以这个洲的咖啡风味仍有一些共同的特点。中美洲地形以火山、丘陵为主，咖啡的生长与火山灰土壤、大西洋和太平洋的海风关系紧密。美洲咖啡拥有很好的平衡性，常常带有榛果、奶油类的香气。

杯测师笔记
精品咖啡的新纪元

从出现"精品咖啡"这个里程碑概念后,咖啡产业也经过了40年的发展。对于咖啡老饕们来说,用看产区的方式喝咖啡,是他们习以为常的选择方式。假设我要喝一杯充满奔放香气、水果调性明显的咖啡,我就会选择非洲的咖啡;如果今天我不想喝酸味的咖啡,一款亚洲咖啡似乎是不错的选择。这个方法提出了40年,我们也跟着用了40年,但谁能够确定这个"古法"面对现今的咖啡还适用呢?

我不知道别人有没有遇到,但至少我曾因为太依赖"古法"而吃瘪了。2018年印尼产季结束后,第一批生豆进到了台湾地区,一个来自苏门答腊岛的生豆进口商,捎来了新产季的样品。大部分的杯测师在喝一款咖啡以前,会在脑海里面抓取出所有相同产区咖啡的味觉经验。对我来说,苏门答腊产的咖啡就是一款"醇厚、巧克力、烟熏、木质调性"的咖啡,这不对我的味,我也不认为我的客人会喜欢这种咖啡。但是我喝了生豆商给的样品以后,马上就开始忏悔了,我不该用过去的经验去断定面前这款豆子的味道。

杯测结束以后,我回头看看自己写下的杯测评语:"上扬的果酸香气,略带柳橙与柑橘的风味,滑顺可口的坚果味,奶油的口感……"这是印尼咖啡吗?如果把名字遮住只看评语,任何咖啡爱好者都会认为这是美洲或者非洲的咖啡。

这件事使我惊觉咖啡产地的革命性发展,已经不是我们在遥远的咖啡店彼端所能想象的。新颖的观念、设备与技巧都在彻底颠覆旧有的思维带来的认知,知名咖啡专家米格尔·梅扎(Miguel Meza)早在2018年的咖啡论坛中就谈到,新的处理法、新的发酵方式与新的果实处理设备,会给咖啡界带来不亚于当年精品咖啡推出时所带来的改变。

从品味的起点出发，
重新选择对味的咖啡豆

　　大产区的咖啡特色日渐模糊未必是一件坏事，因为它对应的变化是每一个微产区的个性化，这个改变源自果实精致法技术的跃进，以及种植端对细节上的深度掌握，因此我们选择咖啡豆的方式也会有所调整。

　　过去我们在选择咖啡豆的时候会有三个基本参考因素——第一是"产地"，第二是"烘焙程度"，第三是"处理法"，这三个因素也是构成咖啡味道的核心因素。产地涵盖了"品种""种植海拔""土壤的健康条件""光照程度"等因素，就像我们在成长时的先天环境，如果豆子在一个好的环境中成长，那长成后就会有许多优异的品质，倘若豆子的生长环境欠佳，那长成后也就不会有好的表现。产地的条件直接决定了这批咖啡的本质与个性，这是无论后天如何处理都无法改变的事实。

　　烘焙是咖啡豆从生豆变成熟豆的过程，不同的烘焙程度会影响一款咖啡的风味表现。在前面的篇章中，我们讲过咖啡豆在烘焙阶段会生成1000多种芳香物质，但最后只会留下300多种。烘焙程度决定了最后是哪300种风味保留在咖啡豆之中。但是，请记住烘焙都是在由产地决定的先天条件下，去选择风味的走向。烘焙能做到的是强化某项特色，或者弱化某项特色，烘焙无法做到"无中生有"，或者把原本有的特质完全抹灭。

"处理法"这个名字比较通俗，但从职人的角度来说，"果实精致"更精准。果实精致是指将咖啡树上的果实去芜存菁的过程，进行烘焙前的生豆，必须将种子以外的所有果皮、果肉、果胶去除，并且通过干燥将水分控制在一定的比例，以防豆子继续发酵。咖啡果实精致的过程好比晒谷，稻子从采收到变成生米，必须经过脱壳、干燥、抛光等程序，咖啡果实中类似的处理步骤，总括起来就叫作"果实精致"。

　　果实精致是目前整个咖啡产业最热门的话题之一，因为过去的果实精致其实很依赖产地本身的气候条件，光照不足的地区只能使用"水洗"或者某种程度的"蜜处理"，而水源不足的地区只会使用"日晒"。另外，过去的果实精致有点像随机抽牌，因为进行果实精致的农民对于果实精致的变因不甚了解，所以对风味的控制能力很低。但是正如米格尔·梅扎所说，现在的果实精致与过去的处理法已经不可同日而语，新的技术、新的设备不仅让果实精致法摆脱了气候的限制，可以依据风味的需要选择适当的处理法，与此

同时，随着对果实精致法的了解越来越深，人们还可以直接在果实精致中开发出更多复杂的风味。

正如我方才提到的趋势，不同洲的咖啡都随着新的潮流在改变，现在你已经可以喝到完全没有招牌乌梅味的肯尼亚咖啡，也可以喝到具有奶香与榛果风味的印尼咖啡了。因此，大家必须先放下对每个产区的旧有认识或者"成见"，从品味的起点开始重新选择咖啡豆。选择咖啡豆时，建议你的参考因素的顺序变成：先选择烘焙度，接着选择果实精致的方式，最后才是参考产地。接下来，我们会从品味的起点出发，用最简单的方式教大家从复杂多变的精品咖啡世界中，选出与自己最对味的咖啡。

决定咖啡豆风味的三个因素

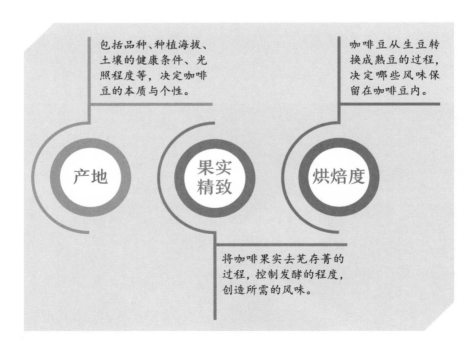

包括品种、种植海拔、土壤的健康条件、光照程度等，决定咖啡豆的本质与个性。

咖啡豆从生豆转换成熟豆的过程，决定哪些风味保留在咖啡豆内。

产地

果实精致

烘焙度

将咖啡果实去芜存菁的过程，控制发酵的程度，创造所需的风味。

选择烘焙度，掌握自己喜欢的主调性

从品味的起点开始重新选择咖啡，我们要切换回普通人的视角，试想一个对咖啡完全陌生的人喝到咖啡的第一个感受会是什么？我常常在咖啡厅观察客人对精品咖啡的反应，虽然我没有办法知道每个客人选择喝黑咖啡的原因，但是我发现一个很有趣的现象：只要是刚接触精品咖啡的客人，或者在品饮咖啡经验上比较少的客人，对这种不加糖、不加奶的咖啡最直接的反应就是觉得"酸苦"，你时常能听到"哇！这杯咖啡好苦喔！"或者"哇！这杯咖啡怎么这么酸！"的感叹。

我们之前讨论过人类的味觉对五种味道有不同的阈值，通常阈值越低的味道越容易被感受到。品饮经验越少的朋友，他对咖啡的感受模式就越接近味觉原始的状态，也就是说，因为酸与苦的阈值低，所以在一杯咖啡中他最

先感受到的不是酸味，就是苦味。

　　所以当我们从品味的起点开始做选择，第一个选择就是酸与苦，而影响咖啡酸与苦的正是烘焙程度。我们可以借此把咖啡分成"以酸味为主调性的咖啡"和"以苦味为主调性的咖啡"。如果你想要喝带有酸味的咖啡，可以选择烘焙程度较浅的咖啡豆，如果想要喝带有苦味的咖啡，就可以选择烘焙程度较深的咖啡豆。

如何品饮"酸苦"的咖啡？

　　有许多刚接触咖啡的朋友在喝到酸咖啡的时候非常讶异，甚至误以为这杯咖啡不新鲜。因为对于普通人而言，尝到酸的第一个联想便是酸败的食物。但其实酸的咖啡并不是因为酸败，而是与植物天然的有机酸物质有关。这些有机酸的物质可以帮助咖啡抵御外来虫害的威胁。事实上，很多天然植

物制成的农产品都带有酸味，从水果到天然的蜂蜜，我们都能从中感受到酸。当把咖啡果实采收下来做成生豆以后，会有部分的有机酸储存于咖啡种子之中，当我们把生豆拿去烘焙，在烘焙中这些有机酸会持续挥发与热解，并且生成带有苦味的物质，这就是烘焙程度会影响咖啡味道是以酸为主还是以苦为主的原因。

其实，当我们的品味到了一定的层次时，就不会一味只追求香甜的味道，反而会开始品味起酸苦，学习分辨酸苦的优劣。因为"酸"不是一种单一的味觉状态，而是一种线条，一种触感。当我们吃到未成熟的李子时会形容它的味道"尖酸"，刺刺的、痛痛的，有的时候甚至让舌头感觉麻麻的。但东南亚料理中的酸，却没有尖锐的线条，反而让料理因为"酸"变得更可口。我喜欢在山林徒步的时候，搜集新鲜的松针来煮茶，天然松针茶的酸更像是一个引子，把松针那种细腻沉稳的香气在味觉里提引出来。

资深的咖啡品饮者形容酸与苦通常都是使用复词，例如"草莓酸"或者"可可苦"，好的味道不会单调死板，相反会拥有一定的复杂度与变化性。如同我们视觉上对颜色的感受，所谓的蓝也会因为色温、亮度、饱和度的不同而生成各种变化，咖啡万千种的香气也会与味觉产生作用，形成不同复杂度、厚薄粗细不一的口感体验。

从烘焙程度选择咖啡，可以帮助我们掌握味道酸苦的大致轮廓。酸与苦是一种客观的味觉，不论选择酸的咖啡还是苦的咖啡，都是一种品味的展现，没有孰优孰劣之分。我觉得在品饮咖啡的路上要一直保持开放包容的心，不需要因为权威或者书上说酸咖啡比较好或苦咖啡比较好，就强迫自己接受跟自己不对味的咖啡。

咖啡园内发生了哪些事？

每一杯我们喝到的咖啡都是众多咖啡职人共同选择的总和，也许你不能身临其境，直击咖啡职人做出选择的现场，但可以试试通过文字遥想职人们的工作场景与他们所做的选择。相信读者只要对咖啡的生产环境与工作者有更多的理解，就更能了解好咖啡的评选标准。

从种植到采收

咖啡是一种灌木植物，虽然未经修剪的咖啡树能够长到3～5米，但人工栽培的咖啡树为了方便作业，一般都会修剪枝丫，将其高度维持在人手能触及的范围之内。在咖啡园里，还有一种特别的存在——遮阴树。遮阴树就是咖啡的遮阳伞，帮咖啡树遮挡过多的阳光。栽种的咖啡树品种不同，选作遮阴树的树种也不同。很多树都可以当作遮阴树，如香蕉树、槟榔树等。

经过花季以后，咖啡树终于开始结果了，咖啡果实——咖啡樱桃的成熟期非常长，它不像一般水果必须在一两个月内快速地抢收完，咖啡樱桃不会全树同时成熟，大部分咖啡树都是东边红一把，西边红一簇的，有些枝干上的果实红得鲜艳，别的枝干上可能刚结出果实。农民的任务就是在花一整年的时间照顾咖啡树结果后，将树上的红果采收下来。

采摘时，青色的果实不能采，因为那是还没有成熟的咖啡果。未成熟的咖啡果做成的咖啡会像没有成熟的香蕉一样，充满青涩的味道，没有咖啡的甘甜。在大规模的美洲咖啡庄园里，常看到背着竹篓的工人在陡峭的山坡上挑选鲜红的果实。人工采收大致上有两种方式：比较精致的"手摘法"（Hand Picking）与比较快速粗放的"剥摘法"（Stripping），两种手法也差不多代表了"精品咖啡"与"商业咖啡"在采制中的差异。由于咖啡是在枝条上的节点结果，同一枝条上的咖啡并不一定会在同一时间成熟，所以手摘法能够更准确地采收完全成熟的咖啡果。就像大家采草莓时一样，你会发现，即使到了草莓的产季，同一片果园甚至同一株草莓丛的草莓有白色的、青色的、全红的，还有一些只红了一半。很多水果在收获期都有这样相似的过程。

筛选出全熟果以制作好咖啡

生豆买家（Green Coffee Buyer）通常会在产区经营多年，多方面长时间地与庄园主和农民沟通，因为原始的咖啡果实采收计价方式以称重为主，所以"采收红果"在产地并不是一件理所当然的事。农民不会只挑选红色成熟的果实来采收，反而会因为想要提升采收量、增加收入，大量采收未成熟的果实，甚至还有可能在采收中混入根本不属于咖啡果实的奇怪物件——树枝、石头，甚至子弹弹壳等。

筛选出成熟的咖啡果实进行加工非常重要，因为全熟果制成的咖啡才拥有干净的风味。在咖啡评鉴的标准里有一项叫作"干净度"（Clean Cup）的打分项目，目的就是评测咖啡是否带有未成熟咖啡的青涩感或者杂味，如果在采收过程中混进地上的落果，也会使烘焙出来的咖啡带有尘土味，甚至是霉味、臭酸味或者令人锁眉的药味。

咖啡的全熟果就像闽南语中俗称的"在丛红"，"丛"在闽南语里是"树"的意思，"在丛红"就是在树上完全成熟的意思。唯有"在丛红"的水果，才能使人们领略到成熟甜美的风味。在精品咖啡的产业中，对于果实成熟度还更为讲究，因为即使是"在丛红"的成熟果实，也有成熟程度上的差异，人们还会通过果实色泽与甜度仪的测量结果，摘取整座庄园最好的果实进行精致处理。在精品咖啡的世界中，职人不会放过任何一个足以影响风味的小细节。

1. 咖啡农场一景。
2. 尚未成熟的绿色咖啡果实。
3. 成熟后果实为黄色的咖啡品种。
4. 成熟后的咖啡果实变为红色，也被称为咖啡樱桃。
5. 采摘下来的咖啡果实成熟度各异，必须进一步筛选。
6. 筛选出成熟的咖啡果实，以利于加工制作咖啡生豆。
7. 大部分的咖啡产区还是以人工采收为主，产季时需要大量人手。

职人来选豆——
内行人才知道的买豆指南

　　"果实精致"的知识日新月异，每一年新的发现都可能推翻旧有的尝试。普通消费者在参考果实精致法选豆的时候，可以先把握以下几个比较简单的大原则：日晒豆多有酒酿、果干的风味；水洗豆风味干净明亮，带有细腻的花香；而蜜处理则通常拥有优异的酸甜平衡与醇厚的口感。

如何从"果实精致"选咖啡？

　　很多人会认为果实精致就是将咖啡果实去除果肉、果皮，进行干燥，这么理解其实不完全对，因为去除果肉，进行干燥只是一种手段——用来控制生

豆发酵程度的手段。世界上有非常多的食品是经过发酵制成的，奶酪、啤酒、葡萄酒都是发酵食品。可以说，人类在饮食中利用发酵，创造出了丰富的味道。

　　从微生物的角度看，发酵与腐败在本质上并没有不同，只是依据人类的偏好区分为发酵与腐败。当这些发

酵生成的物质符合人类喜好的时候，就是"发酵"，反之，如果生成的物质是人类不乐见的，就是"腐败"。咖啡的果实精致就是在各种变因的影响下，有效地控制发酵的程度，其中影响发酵的变因大致可以划分为三种，分别是生豆含水量、发酵时间以及果肉保留程度。

阿拉比卡种的咖啡果实直径 1.5 ～ 2cm 大小，因成熟后变红，也被昵称为"咖啡樱桃"。

果实精致中，含水量扮演着开启和关闭发酵的角色。通常刚采收下来的咖啡果实含有60％～70％的水分，这种高湿度的环境非常利于发酵菌的作用，但随着果实精致刮除了高含水量的果肉，并且将咖啡种子进行暴晒，生豆的含水量下降到10％左右。此时生豆的含水量与储存生米的含水量相近，当生豆的含水量趋近10％时，发酵菌的作用就会减少并趋近于零。咖啡处理师除了利用含水量，还会通过调节温度以及酸碱值进行发酵菌的培养。

果实精致大致可以分为三种处理法：日晒法、水洗法以及蜜处理法，三种处理法是依据果肉保留程度进行分类的，通常果肉的含量越多，所需要的发酵时间越长。传统处理法会根据产地因地制宜，在刨除、发酵、清洗、干燥四个主要阶段进行调整。以下介绍三种处理法的基本原理以及风味特征。

咖啡果实剖面图

咖啡果实中用来煮咖啡的部分是"种子"，也就是生豆(Green Bean)。通过处理法，去除掉果皮、果肉、果胶，银皮(Silver Skin)则是包覆在种子外的薄膜，通常在烘焙阶段脱落。

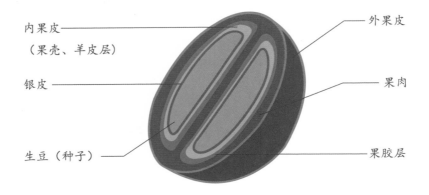

内果皮
（果壳、羊皮层）

银皮

生豆（种子）

外果皮

果肉

果胶层

太阳的味道——日晒咖啡

我们都吃过葡萄干，知道饱满甜美的葡萄经过阳光的暴晒，就变成了深色略带皱褶的果干。选择日晒处理的咖啡就像选择了"果干系"的咖啡，酸的物质在日晒的果实精致过程中生成得比较少，所以你喝到的咖啡通常没有太强

烈的酸味，这种咖啡拥有的酸味比较像热带水果的酸味，有的人也会觉得颇似豆腐乳的味道，以及酒发酵时所散发的成熟香气。日晒咖啡常常带来野莓、覆盆子以及悬钩子这一类浆果的风味。

日晒法是个易懂的俗称，但也容易让人误解，因为所有的处理法在干燥过程中都要经过日晒，日晒法准确来说应该叫作"干式精致法"，处理过程非常像晒谷——农民把成熟的果实摘取下来，放在阳光充足的环境下暴晒，这也是自古就有的处理法。干式精致法不需要把果肉去除，只需要等候阳光把果实晒干即可。经过太阳暴晒的咖啡樱桃就像葡萄干一样黑，最后农民再用去壳机，将咖啡豆外层的果肉、果皮一起去除。经干式精致法处理的咖啡，发酵发生在果肉逐渐干燥的过程中，真菌与酵母产生作用，生成为咖啡带来香味的有机酸和其他化学物质，当咖啡趋近于干燥即代表着发酵作用的结束。农民会通过反复地试验来决定干燥的总时间，借此控制咖啡果实的发酵程度。采用干式精致法处理的咖啡口感上通常更为浓郁，会呈现类似酒或豆腐乳等发酵食品的复杂香气。

晶莹剔透的干净风味——水洗咖啡

水洗咖啡像水晶音乐，拥有晶莹剔透的干净风味。果实精致过程中的水促使酵母分解更多的有机酸。水洗咖啡明亮上扬的果酸，有着类似柳橙、新奇士橙的香气，有的时候也会像海梨柑的味道。大量的用水汰除了劣质的咖啡果实，使水洗咖啡整体具有较高的干净度和一致性。

水洗法也是一个俗称，正如我们前文提到的干式精致法一样，水洗法准确来说应该叫作"湿式精致法"。这种处理法利用大量的水进行筛果、发酵。最开始所有的果实都会被倒入一个巨大的水洗槽中，这个时候，营养不良以及被虫蛀咬过的"瑕疵豆"会漂浮起来，借此完成第一次的筛选。接着，果实会通过小小的闸门，进入类似滑水道的蜿蜒渠道中，还未被捞起的瑕疵豆会在这里再一次被筛选掉，通过两次（或多次）筛选后，果实进入去皮阶段，这个时候的咖啡豆呈黄色（还有一层豆壳），摸起来黏黏滑滑的，还有不少胶质层附着在豆子上。然后，农民会将咖啡豆静置12～48小时，静置期间就是"湿式精致"的发酵阶段。不同于"干式精致"的是，真菌与酵母不是在半干燥的果实内进行发酵，而是在湿润有水的环境下发酵的，发酵生成的物质会在水中稀释，这使得"湿式精致"的咖啡有清新明亮的酸质与幽微的花香。"湿式精致"的咖啡往往在"干净度"（Clean Cup）的评鉴上获得比较高的分数。在发酵技术未成熟的年代，"湿式精致"经常被视为精品咖啡唯一的处理法。

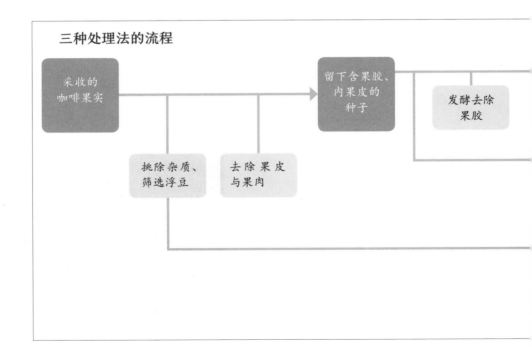

三种处理法的流程

采收的咖啡果实 → 留下含果胶、内果皮的种子 → 发酵去除果胶

挑除杂质、筛选浮豆

去除果皮与果肉

千禧年后的新型果实精致法——蜜处理咖啡

在处理法的演进过程中，人类在咖啡起源的非洲发明了干式精致，在美洲新大陆发明了湿式精致，这些处理法的发明不是突发奇想，而是围绕产地气候与环境资源不断演进，例如水资源充足才能采用水洗、产季与雨季重叠的地区无法进行日晒⋯⋯

农民跟各位消费者一样必须选择处理法，但消费者选处理法主要是为了咖啡风味，农民则要考虑风险与成本：比如干式精致有着风味浓郁、香气复杂的品质，但是制作过程上存在高风险，在干燥的过程中万一下雨就可能赔上好几百千克的咖啡豆；湿式精致可以降低发霉风险，但却有水资源需求大以及废

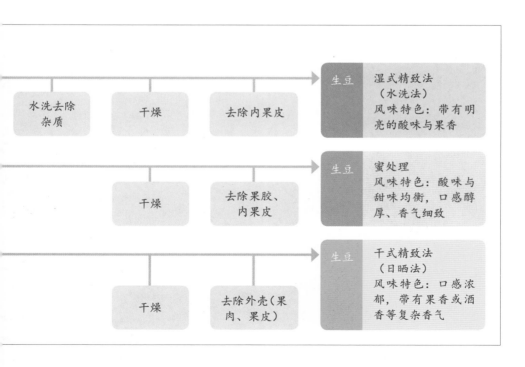

水排放的环境成本,加上发酵槽、浮选槽每个环节的设备耗材,并不是每一个生产者都能够负担。

随着精品咖啡市场的发展与各种新式设备的发明,20世纪的最后20年发展出了很多新型的处理法,目的都是为了提高咖啡品质、降低风险与成本。这其中最有名的是"半水洗法"(Semi-washed)、"果肉日晒法"(Pulped Natural)、"蜜处理法"(Honey Process)。这三种方法虽然在工序上有一些差异,但是总的来说,都是移除部分的浆果构造,同时省去水洗、浸泡、发酵的过程。时至今日,蜜处理法成了最广为人知、独领风骚的新型处理法。

蜜处理的咖啡是不是更甜?客人们总会在看完菜单后提出这个问题,但是很抱歉,其实蜜处理的咖啡并没有比较甜。因为蜜处理的"蜜",指的是咖啡果实中高甜度的"果胶层"。果胶是咖啡果实去皮、去果肉以后,包覆在咖

啡种子外面的黏稠物质（有点像糨糊），是咖啡发酵时的重要养分。

果胶层的甜分并不能直接进入咖啡豆里增加咖啡的甜味，但是优秀的处理师可以通过控制果胶来制作出理想风味。在哥斯达黎加，制作蜜处理咖啡的处理厂都会有一台重要的设备，叫作果胶移除机（Mucilage Remover），跟传统的把果皮、果肉剔除的机器不同，果胶移除机可以更自由地调整果肉和果胶保留的比例，让生豆在不受损的状态下，一次性去除皮、肉以及部分的果胶。

蜜处理的制作过程结合了干式精致与湿式精致的工序。我们在品选蜜处理咖啡的时候，通常会留意处理厂家，因为蜜处理的风味谱可能接近日晒，也可能接近水洗，这完全取决于处理厂在果实精致时对细节的微调。大部分我们所知道的微调手法就是利用上文提到的果胶移除机，来控制果胶的残留比例。但这仅仅是最表面的控制而已，实际上蜜处理还与果实暴晒时堆叠的厚度、果实采收时的甜度（Brix）、翻搅速度与频率等各种因素相关。

蜜处理咖啡的风味没有前面两种处理法那么泾渭分明。事实上，你喝到的蜜处理咖啡可能没有很精准的风味主调性，但它特别容易出现"奇行种"，因为不同厂家的蜜处理工艺差异很大，每一家都有独家的精致秘法。一般生产者会以蜜处理后咖啡豆的色泽来给咖啡豆命名，如黑蜜、红蜜、黄蜜等。在挑选蜜处理咖啡豆的时候可以把握一个原则：通常颜色越深（黑、红）的蜜处理咖啡豆在风味谱上越趋向干式精致，而颜色越浅（黄、白）的蜜处理咖啡豆在风味谱上则越趋向湿式精致。

1. 采用干式精致法的咖啡豆会连皮带肉进行日晒干燥。
2. 正在高架棚中暴晒的咖啡豆。
3. 干式精致法处理的咖啡豆在干燥过程中，外壳会缩干变成黑褐色。（照片提供：台中新社咖啡产销班赖建益班长）
4. 正在进行干燥程序的水洗豆，在干燥前已去除果皮、果肉。（照片提供：台中新社咖啡产销班赖建益班长）
5. 脱壳后的生豆很难辨识是采用何种处理法进行果实精致的，观察带壳的咖啡豆就一目了然。水洗法的豆子外观白净，蜜处理豆子的则有明显的黏稠果胶层，日晒法的豆子还留有晒干的外壳。（照片提供：KoKo Lai）

生豆　水洗法　蜜处理　日晒

有一种负担叫瑕疵豆

当你在购买咖啡豆的时候，是否听店家说过"瑕疵豆筛选"？你知道咖啡豆的挑瑕疵是在挑什么吗？你知道没有挑豆的咖啡是什么味道吗？

其实挑豆这件事与咖啡精品化有密不可分的关系，倘若喝咖啡只是为了补充咖啡因提神，挑豆就是一件浪费时间的事，但在以"追求风味"为主的精品咖啡世界中，没有挑豆的咖啡就谈不上精品。

茶与咖啡常有异曲同工之处，我们可以通过了解制茶的过程理解咖啡挑豆的重要性。讲到对茶的讲究，世人莫不以"宋代茶"为典范，想要深刻地

在咖啡产区会先通过人工挑选将生豆分类，再出口至消费国。

理解茶文化，必定要先学习宋茶。宋徽宗的《大观茶论》里不仅讲了宋代茶农在采茶时的讲究，还探讨了一个重要的采收细节："治茶病"。治茶病是宋代茶业中一个很有趣的理念，茶病不是指生病的茶叶，而是指在采收中混入的败坏风味的"老鼠屎"："乌蒂""盗叶""白合"。在此我们就不细说了，你只需要知道，无论采收的时候如何小心谨慎，如果收完以后没有将茶病"治"好，那么无论如何也不可能成就极品好茶。

而咖啡采收后的挑豆，就是给这些采收下来的果实"治病"，但在咖啡世界里，我们会把这些败坏风味的"罪魁祸首"称之为"瑕疵豆"（Coffee Defect）。在杯测师的训练里，辨识各类瑕疵豆的特征与成因是非常重要的一环，杯测师必须学会通过风味、味道、咖啡豆的外观找出咖啡豆里面的瑕疵。

熟豆瑕疵影响风味，生豆瑕疵影响健康

某些咖啡生产国的评级制度，会依据单位数量内出现瑕疵豆的比例作为评级标准，比如埃塞俄比亚会按G1～G5给出口的咖啡评级，数字越小代表瑕疵比例越低，咖啡豆级别越高，而低级别的豆子会被用作速溶咖啡或者供应埃塞俄比亚国内。精品咖啡协会定义的瑕疵豆一共有十七种，你可以将它们理解为败坏一杯咖啡风味的十七种可能，这十七种瑕疵大致可分为：采收及储存时发生的生豆瑕疵和烘烤过程中发生的熟豆瑕疵。这十七种瑕疵会对咖啡产生什么影响呢？一言以蔽之：瑕疵比率越高的咖啡，喝起来越有"负担"。

有些咖啡你是不是喝了一两口就难以下咽？有些咖啡凉掉以后大变味？有些咖啡喝了让你心悸、恶心、肠胃不适？有些咖啡焦苦涩口得难以下咽？

烘豆师在烘焙过程中，会不时检查烘豆的状态。

我相信大部分喜欢咖啡的朋友都是冲着咖啡香而来的，对他们来说，上述的种种情形似乎是咖啡的"天性之恶"，是"甜蜜的负担"。然而，这些让身体产生负担的咖啡，其实就是瑕疵豆造成的结果。只要剔除这些瑕疵豆，我们根本不需要忍受这些负担。

在我个人的品饮经验中，我觉得熟豆瑕疵带来的主要是"味觉上的负担"，例如焦苦感、不干净的风味、杂涩感，生豆瑕疵则比较容易带来"身体上的负担"。虽然现在还没有强有力的科学研究数据直接证明生豆瑕疵与身体负担的关联，但是多数的研究报告指出，这可能与瑕疵豆含有较高的生物碱有关。想要避开有负担的咖啡，最有效的方式是建构对瑕疵豆的基础认识，对于消费者而言，找到能提供低瑕疵比的咖啡豆供应商，就是避免喝到坏咖啡的捷径。

检查你的咖啡豆，跟着杯测师学挑豆

接下来让我们进入实务阶段。请你找一张平坦的桌子，摆上一个干净的素面盘子（黑色为佳），然后把最近在喝的咖啡豆平铺在盘子里，注意不要让豆子叠在一起，以免忽略瑕疵。下面我们用最简单的方式教大家分辨瑕疵豆。

一款足以称得上精品的咖啡豆，我认为必须经过生产地挑选、烘焙前拣选以及烘焙后筛选等三道以上的筛选工序，前两道工序是为了筛除生豆瑕疵，最后一道筛选则是筛选熟豆瑕疵。

然而，我必须很遗憾地告诉各位，作为一个末端的消费者，当我们打开袋子检查咖啡豆的时候，其实能做的只有筛选熟豆瑕疵而已，无法做到找出那十几种生豆阶段产生的瑕疵。我们只能从熟豆瑕疵的比例，去推断店家是否认真筛选了生豆瑕疵。如果你喝到让身体有负担的咖啡，最实际的方法还是另寻供应商。下文以讲解我们可以从熟豆中找出的瑕疵为主，同时简要介绍一些影响咖啡品质的生豆瑕疵。如果想要更深入地了解瑕疵豆的辨别，可以上网查询"Green Arabica Coffee Classification System"，上面会有更详细的资讯。

常见的熟豆瑕疵

熟豆瑕疵主要有以下四种，分别是陨石豆、焦炭豆、奎克豆以及贝壳

豆。陨石豆和焦炭豆直接造成了咖啡的焦苦感，当你在咖啡里喝到不寻常的苦味时，回头检查袋中的咖啡豆，很有可能就会发现这两种瑕疵豆。

陨石豆是烘焙不均导致的结果，有可能是烘焙时火力过旺造成的，也有可能是咖啡豆在烘豆机运转的过程中卡在锅炉的缝隙里造成的。通常在深度烘焙的咖啡豆里，可以发现陨石豆的身影。陨石豆的外观特点是咖啡豆的圆弧面会有一个焦黑的平面状"伤口"。

焦炭豆的成因跟陨石豆相似，也是与烘焙上的失误有关。焦炭豆的特征是整颗咖啡豆碳化成黑色，如果你在购买的咖啡豆中发现焦炭豆，一定要注意。因为焦炭豆除了影响口感以外，也有可能影响健康。

奎克豆（Quaker）虽然不至于产生太明显的负面风味，但如果一杯咖啡的奎克豆比例太高，就会淡而无味，一些味觉更为敏感的人还会尝到土腥味。一般来说奎克豆很好辨认，通常一锅咖啡豆里都会有少数的奎克豆，这些豆子会比同一锅的其他豆子浅一个色号。造成奎克豆的原因主要是未成熟豆，不过这些未成熟豆在外观上与一般生豆没有太大的差异，只是这类未熟豆里的糖分比较少，所以在烘焙的时候没办法达到与其他豆子相同的焦糖化程度。另外也可能是因为烘豆机的加热不够均匀，造成某部分的豆子焦糖化程度不一致。

贝壳豆

贝克豆是因发育不全造成的畸形豆，这类瑕疵豆有时在生豆阶段不易辨识，进入烘焙后，因豆子的形状结构出现裂解，容易烘焙不均匀。

熟豆瑕疵豆，由左至右分别为：贝壳豆、焦炭豆、奎克豆、陨石豆。

常见的生豆瑕疵

常见的生豆瑕疵有五种，分别是虫蛀豆、黑豆、霉豆、未熟豆、酸豆。这五种瑕疵还能在熟豆里面辨认出来的大概只有虫蛀豆了，因为虫的咬痕不会因为烘焙改变颜色之后被遮盖，而其他四种生豆瑕疵烘焙过后就很难发现，除非是你自己烘焙咖啡。咖啡同样是一分钱一分货，贪小便宜购买廉价豆的后果就是误触瑕疵的可能性更大。

虫蛀豆

虫蛀豆，顾名思义就是被虫咬过的咖啡豆，主要由咖啡树结果以后引来的虫害造成的。虫蛀的生豆表面会出现一个个被啃咬的"伤口"，这些伤口如同破损豆一样，很容易遭到霉菌感染。除了看得见伤口的虫蛀豆，在卢旺达、布隆迪等东非产区，还出现了一种被咖啡象鼻虫侵害的虫蛀豆。这种虫蛀豆表面没有伤口，但是会通过霉菌让生豆染上马铃薯的异味，因此这种虫蛀豆没办法靠视觉辨认出来，往往到了杯测阶段才会发现豆子已经被感染。看得见伤口的虫蛀豆会依据生豆伤口的多寡来判定属于轻微瑕疵还是严重瑕疵。虫蛀豆在烘焙后伤口不会消失，只会变得不明显而已。大家在检查咖啡豆品质时，也可以找找看自己手上的这批豆子是否有过多的虫蛀豆。

黑豆

黑豆是因发酵过度或发酵方式错误造成的瑕疵豆。在比较低等的咖啡豆里，有可能会采收已经掉落在地上的果实，这些落果在果实精致完成以后易变成黑豆。另外，在干燥或发酵过程中稍有不当，也会导致没有问题的果实变为黑豆。黑豆属于生豆瑕疵中的严重瑕疵，不仅会使咖啡产生混浊的味道、药味、霉味，更可能蕴含生物毒素，影响人体健康。

霉豆

霉豆是因过度潮湿、霉菌扩散感染造成的瑕疵豆。霉豆产生的原因可能是储存环境不良，也有可能是生豆含水量过高。一批豆子中，一旦出现霉豆，还有可能导致其他正常的生豆一并感染，是问题很严重的一种瑕疵豆。霉豆会让咖啡产生严重的负面风味，并且与黑豆一样有影响人体健康的可能。

部分生豆瑕疵豆，由左至右分别为：霉豆、未熟豆、虫蛀豆。

143

未熟豆

未熟豆就是刚刚讲到的，用没有成熟的青涩果实制成的咖啡生豆，这种豆子跟用成熟果实制成的生豆比起来小很多，并且有向内卷曲的曲面，最大的特征是生豆外层的银皮会紧紧黏在豆子表面。未熟豆在定义上属于轻微瑕疵，但就我个人经验而言，未熟豆对风味的影响不亚于其他严重瑕疵，那种咬舌的青涩感以及青草味会严重影响咖啡的品质。未熟豆蕴含过高的生物碱，饮用后易产生心悸、心跳加速的生理反应。

酸豆

酸豆的成因很多，有可能是因为采收了掉在地上的果实或是泡水发酵的过程中水质受到污染，也有可能是因为被微生物感染。酸豆的外观呈现异常的奶油色或红褐色，属于严重瑕疵豆，即使只有寥寥数粒，也可能毁掉整锅的豆子。带有酸豆的咖啡煮出来会有强烈的臭酸味、尖酸味以及各种异味。

跟着杯测师学挑豆

先准备好干净的素面托盘，将购买的生豆或熟豆倒至盘中，并准备好放瑕疵豆的器皿。

为便于挑豆，可以用手将豆子拨成竖行，再仔细检查，挑出瑕疵豆。

别傻了，
你还只看产地海拔吗？

在买咖啡豆指南的最后，我希望讨论一些买咖啡豆的常见误区。其实选咖啡豆的时候，我们常常会落入一些刻板认知而不自知，有些认知可能是卖家刻意要让你记住的营销手段，但事实上这些认知并不会帮助我们选到更好的咖啡豆。

你不妨回想一下，在买咖啡豆的时候商家最常用什么样的字句来营销。咖啡与茶在很多地方都相通，尤其是在产品营销上，都有一套万能八股文。它的起手式是通过风味描述打动你，接着告诉你这款咖啡（茶）产于原始森林，土壤富含矿物质，日夜温差大，果实成熟慢又甜，用山里干净的泉水浇灌，空气清新……最后的撒手锏是告诉你：这款咖啡（茶）是在多少千米的高海拔产区种植的。

海拔的高度原本是一种客观指标，却不知道从什么时候开始变成了一种品质信仰，我们非选择高山咖啡不可吗？诚然，在许多咖啡生产国，海拔是咖啡评级依据之一，比如中美洲诸国会将产地海拔高于1200千米的咖啡评为极硬豆（Strictly Hard Bean），并且以较高的价格卖出。高海拔环境具有的生长优势有两个：第一是使咖啡的生长更缓慢，咖啡种子的密度会高于低海拔产区的咖啡种子；第二是夜晚的低温能降低很多病虫害发生的概率。

然而，从咖啡品质鉴定师的角度来看，我们会说高海拔的产区容易种出高品质的咖啡，但是我们不会说高品质的咖啡都来自高海拔产区。能够影响咖啡品质的条件太多了，光讲一个海拔高度，其实是一种"见树不见林"的观察。高海拔与高品质并不是因果关系，高海拔只是生产高品质咖啡的有利条件之一，要生产真正的好咖啡，还要有"天时、地利、人和"。

　　在茶的产业里早就有人开始反省：一味追求高海拔、"一心二叶"是不是正确的。其实在选咖啡的时候，我们应该更深入地了解种植的实际情况，这会帮助我们摆脱很多营销话术造成的困扰。比如，关于生长的温度，我们不仅要考虑种植高度的影响，还要考虑种植地与赤道的距离对温度的影响。南美产区（如巴西）的咖啡，抑或是台湾地区的种植区其实已经位于南北回归线上，在气候带上属于亚热带，咖啡树不耐低温，温度低于10℃以下便很容易冻伤，许多亚热带的咖啡产地，如果海拔高于1000米，冬天可能下雪，咖啡树一旦遇到霜寒就会死伤惨重，所以这些产区根本不可能像热带地区的产地一样在1800米甚至2000米以上的地方种植咖啡。

　　这是否代表亚热带咖啡产区就没有好咖啡呢？当然不是。美国夏威夷的可娜咖啡2008年得到了97分的杯测成绩就是力证。在咖啡品质鉴定的分数设计上，超过95分的便可称之为极优异

146

（Exceptional），因此这种咖啡可以说是精品咖啡中的稀有精品。但是夏威夷的咖啡产区海拔并没有超过1000米。可见，咖啡的品质好坏不会只受海拔影响，咖啡会记忆生长时所有的事情，包括风、雨、清晨的阳光、午后的浮云。

　　本章接近尾声，我希望用一句话作为结语。在学习咖啡的路上，我曾经听前辈说过："没有任何一杯好咖啡是出自偶然。"现在，我想稍微修改一下这句话："在选咖啡的过程中，也没有任何一杯好咖啡是出自必然！"保持开放的心态去接受每一次尝试，把品味每一杯咖啡都当作一趟新的冒险吧！

第三章
煮咖啡

　　我们常说煮咖啡，到底该如何煮一杯对味的咖啡？"煮"咖啡跟"煮"饭，煮法一样吗？是不是把水烧到沸腾，把咖啡粉倒入水里就叫煮咖啡呢？为什么同一款咖啡，经过职人的手就能幻化出千香百味，余香缭绕，为什么在自己的手上却苦涩不堪呢？

　　咖啡的煮法我们已经在第二章"选咖啡"中做了一次综览，知道有滴滤式的萃取，也有浸泡式的萃取，还有一种是最近200年才问世的加压式萃取。在这里不是要教大家"地表最强的煮法"，而是想与大家分享怎么样用自己的双手创造出一杯自己喜欢的咖啡。希望借由本章的介绍可以帮助大家将好咖啡带进日常生活，一杯顶级的咖啡不一定能够感动你，相反，甚至可能使你备感压力，但是一杯对味的咖啡却能以平易近人的姿态，抚慰你的心灵。

创造一杯对味的咖啡

　　在种植与果实精致的阶段，咖啡豆本身的品质已经被铸造完成，此后的所有阶段，不论是烘焙还是冲煮，都不可能违逆咖啡豆的本质。这么说是不是就代表只要豆子的本质良好，就不用在乎烘焙与冲煮呢？错！因为虽然烘焙、冲煮无法改变咖啡豆的本质，却可以改变饮用者感受到的味道。我们只能说，选好豆子是喝到好咖啡的起点，但这只是一张入场券，谁也没办法保证好的豆子最后都能变成一杯好咖啡。

创造出对味咖啡的条件

　　我认为创造一杯对味的咖啡有三个基本条件：心意、手艺以及观念。"心意"是指你心里希望这杯咖啡表现出什么味道。我常常告诉学员，煮一杯有想法的咖啡很重要。我们不是被动地等着味道来找我们，而是我们主动去创造我们想要的风味。我常常鼓励学员不要只学习一种方法，而是广泛地去涉猎各种方法，拿手冲来举例好了，手冲咖啡的世界相当多元，里面有各式各样的煮法。假设我们约略地估计有三百种方法，我认为这之中没有一种方法是绝对最厉害的方法，我们只是从这三百种方法中挑出能冲煮出最适合我们的口味、最适合手上食材的方法。

　　"手艺"指的是技术层面的条件。当你要为自己创造一杯对味的咖啡时，不能纯粹靠听老师讲课、看书来获取相关知识。就好比你通晓各家武功门派，说得一口好功夫，却没有扎实沉潜地练习扎马步，遇到实际情况就很难派上用场。在此必须强调的是，所有的课程、书籍提供的仅仅是工具，而你是使用工具的人，唯有你攻克了技术的关卡以后，创造一杯对味的咖啡才会得心应手。

"观念"是指你对煮咖啡是否有全盘的了解，这份了解包含你对今天要煮的咖啡豆的了解，对你所使用的工具的了解，以及你对煮咖啡时会出现的变因的了解。对于食材本身的了解，是成为一名优异的咖啡师所必备的特质之一。我们要对这款豆子从哪里来（产地知识），带有什么样的风味（鉴赏品味），以及希望它呈现何种风味（风味展现）有清楚的认识。我们首先要尊重咖啡豆的个性，再从其中彰显我们要的味道。

冲煮咖啡 vs 萃取咖啡

有的时候，如果你偷听咖啡师之间的对话，会听到"啊，你这杯咖啡萃取过度啦！"或者是"这杯咖啡感觉萃取不足喔！"之类的话语。为什么大部分的咖啡师在讨论咖啡的时候会讲"萃取"而不是"冲煮"呢？这是因为所有的冲煮方式与调整的规则都是以"萃取"为目的。

冲煮是一种行为，而萃取则是这个行为背后运作的原理。为什么专业的咖啡师讲的都是萃取，就是因为我们是通过原理的应用去改变结果，冲煮只是你看到的外在表现行为而已。只要掌握了萃取的原理，就等于掌握了煮好咖啡的秘传心法。

我会用"闸门"的意象来诠释萃取咖啡的原理。以手冲咖啡为例，当你把水倒入装有咖啡粉的粉杯中时，"闸门"就开启了，当最后一滴咖啡液从粉杯中滴落离开咖啡粉时，"闸门"就关闭了。而在"闸门"的开与关之间，如何拿捏其中的平衡，如何让我们想要的物质多释放一点，如何让会导致负面风味的物质少释放一点，正是世界上所有咖啡职人努力研究的课题。

萃取是利用物质不同的溶解能力将物质分离的方法，若将咖啡豆视作100％的完整状态，只要计算出水能从咖啡豆中分离出多少物质，就能计算出萃取率。萃取率是一个方便法门，通过计算萃取率，我们可以得出在"闸门"开启的这段时间，咖啡里有多少比例的物质释放到了水里。

然而，萃取率只能显示出有多少物质进入了水中，它无法告诉我们水里面有多少比例的好喝物质，又有多少比例的难喝物质。即便如此，将萃取率这个概念运用到咖啡冲煮中，也是人类漫长煮咖啡历史中的重大突破。因为在人类饮用咖啡的历史上，人们绝大多数的时间是"凭感觉"在煮咖啡，煮咖啡是一种艺术行为，但当我们从萃取率的角度来冲煮咖啡的时候，便跨越了感觉的界线，进入了实证科学的领域。

世界上有没有理想的萃取？

　　世界上有没有理想的萃取？有啊！好喝的咖啡就是理想的萃取，当然，难喝的咖啡一定是不理想的萃取。先不要把这句话当废话，仔细想想你就会发现它真正的含义：我们在萃取咖啡的时候并不总是释放出了我们想要的味道，更多时候，毁掉一杯咖啡的正是我们一不小心释放出的藏在咖啡豆里的恶魔风味。

历史上第一位量化咖啡风味的男人

　　人类的启蒙运动发生在17~18世纪，因为科学革命的发展，人们开始追求理性与知识，讲求实证的重要性。但是，咖啡的启蒙运动一直到了20世纪才出现。在讲解冲煮的相关知识之前，我一定要先跟大家介绍这位让咖啡与科学结合的重要功臣，他是史上第一位量化咖啡风味的男人——洛克哈特博士（Dr. Ernest Eral Lockhart）。

　　洛克哈特博士可以说是咖啡萃取理论之父，现在所有关于咖啡萃取的理论，几乎都是建立在洛克哈特博士的研究之上。他用科学的方法告诉我们，咖啡好不好喝不见得要喝了才知道，你可以根据萃取率与浓度，预先知道这杯咖啡好不好喝；而且，你还可以通过这两项数据，得出改善咖啡味道的方法。

洛克哈特博士是美国咖啡冲泡协会的首席研究员，他将他的研究整理制作出了一个简单的图表，让所有想要煮好咖啡的爱好者们可以依据图表"修正"自己的冲泡，这个表叫作"冲泡咖啡管理表"（Coffee Brewing Control Chart）。

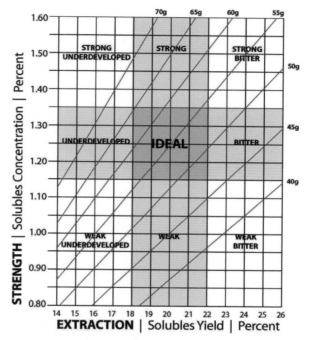

冲泡咖啡管理表（Coffee Brewing Control Chart），也称金杯理论图表。

根据他的研究，咖啡豆中大约有28%能够溶于水的有机物质，以及72%无法溶于水的纤维素，萃取就是将这两者分离出来的过程。而这28%可以溶于水的有机物质，还可以细分成亲水性高、易溶于水的物质，以及亲水性低、难溶于水的物质。

20世纪50年代，洛克哈特博士的研究团队在全美广泛地进行了民众对于咖啡的爱好程度调查，这项民意调查为期数年，搜集了近万份的资料，他们为同一种咖啡设定了不同的"萃取率"与"浓度"，然后请民众试喝后反馈自己喜欢的咖啡是哪一杯。

许多刚接触煮咖啡的朋友很容易把萃取率跟浓度混为一谈，但其实两者是不同的概念。"萃取率"就如刚刚讲到的，是指原豆被水这种溶剂所带出的物质占咖啡豆本身质量的比例。比如，使用20g的咖啡粉，在萃取率20%的情况下，则有4g（20×20%＝4）的物质从豆子里转移到了咖啡里。而浓度则是指这些被萃取出来的物质与最后冲煮出来的咖啡液体的比例。

通常滴滤式咖啡（手冲）的浓度为1%～2%，加压式咖啡（意式浓缩咖啡）浓度则在7%以上。我们继续沿用刚刚的例子来说明：在使用20g的咖啡粉溶出4g的物质进入咖啡液后，最后的咖啡液体如果重250g，就表示这杯咖啡的浓度是1.6%（4÷250＝0.016＝1.6%）。

精品咖啡协会（SCA）采用了洛克哈特博士的冲泡咖啡管理表，把滴滤式咖啡的理想萃取率定在18%～22%，理想浓度定在1.2%～1.45%，并把这套系统称之为"金杯准则"（Golden Cup Standard），作为向大众推广咖啡冲煮方法时的重要依据。

用感官让你的咖啡进入"好球带"

金杯咖啡准则设计了一个象限表格，它把萃取率列在X轴，浓度列在Y轴。X轴分成了低萃取率（＜18％）、高萃取率（＞22％），以及介于中间的理想值。Y轴则分成了低浓度（＜1.2％）、高浓度（＞1.45％），以及介于中间的理想值。这样就形成了一个九宫格。

简单来说就是，煮咖啡可能出现以下几种情况："萃取不足""萃取过度""理想萃取"与"浓度太低""浓度太高""理想浓度"，它们之间两两组合，产生九种结果。你不觉得这个表格很像棒球的九宫格吗？如果我们煮的咖啡能够进入理想浓度跟理想萃取率的交汇地带，就代表你煮的咖啡进入了咖啡的"好球带"。专业咖啡师与冲煮新手的差距，就像是职业投手与刚开始玩棒球的少年一样，后者容易"暴投"，在咖啡行业，我们也会说没有进入"好球带"的咖啡是"煮爆"了。

但是，跟打棒球最不一样的是煮咖啡的九宫格是抽象的，必须通过味觉与嗅觉去感受，虽然有洛克哈特博士的数据可以依循，但是最终还是要回到品味上来讨论，练习用感官让煮的咖啡进入"好球带"。想要把咖啡煮进"好球带"，先学会喝出"暴投"吧！

在浓度的讨论里，可以意式咖啡为例。一名咖啡师用同样的咖啡豆，使用同一台咖啡机做出两杯一样的浓缩咖啡，两杯咖啡的萃取率接近，此时把其中一杯加水稀释，就会出现两杯不同浓度的咖啡。

低浓度的咖啡就像是不断把水加入浓缩咖啡里，加到最后的结果就是你几乎喝不出咖啡本身的味道，你会觉得像在喝有咖啡味的水，咖啡师通常会形容这样的咖啡有"空洞感"或者"水感"。

高浓度的咖啡就像我第一次喝到浓缩咖啡时的体验：什么风味都喝不出来，只能分辨出强烈的苦或酸而已。浓度过高的咖啡会使我们无法分辨风味，在冲煮手冲咖啡的时候，你可以尝试拿汤匙接住最早流下来的咖啡液，这段高浓度的咖啡通常会让人觉得风味被压抑着，神奇的是当你兑水稀释以后，某些风味就会变得明显起来。

温度与时间是影响咖啡萃取率的两大关键因素，高温、长时间可提高萃取率，反之则降低。所有能够被水溶解出来的物质，无论是我们喜欢的还是不喜欢的，在水接触到咖啡粉时就开始析出，而在水与咖啡粉分离时结束。有些

物质使我们感受到香甜，有些让我们体验到咖啡的醇厚，也有一些会使我们觉得苦涩碍口。

低萃取率的咖啡喝起来尖酸，有的时候会让人觉得没有尾韵（前面有风味但是后面突然变得空洞），在萃取不足的浓缩咖啡中还会喝到咸味。相反，高萃取率的咖啡则可能让你感受到强烈的苦，很多时候会有口干想喝水的感觉。

"暴投"的咖啡常常存在复合式的问题，所以我们需要将萃取率跟浓度同时纳入考量。依照金杯理论，最常出现的"暴投"大概是以下四种。

1. 强烈的苦涩感，甚至觉得锁喉。

这种咖啡喝起来特别有负担，不太能喝完整杯，属于高浓度、高萃取率的咖啡。如果煮出来的咖啡属于这种，可以试着在现有咖啡粉与水的比例上，降低冲煮温度，缩短冲煮时间，也可以观察一下咖啡粉的研磨度是否过细。

2. 轻微的苦，风味不明显，感觉缺乏后段风味与尾韵，喝完之后觉得有点干。

这种咖啡属于高萃取率、低浓度，通常是因为手冲水流不稳定，或者填压咖啡粉饼时产生歪斜造成的。修正的方式是将咖啡与水的比例下调，同时把冲煮的水温下调或是缩短冲煮时间。

3. 酸的表现过于突出，但是口感不足，没有其他味道衔接在酸味以后。

这种咖啡属于低萃取率、高浓度，通常发生在水温过低的情况下，可以试着提高水温以及延长冲煮时间，同时增加咖啡粉与水的比例。

4. 虽然没有强烈的酸，但是除了酸味以外好像没有喝到别的味道，同时有水感。

这种咖啡属于低萃取率、低浓度，跟第三种情形的修正方法一样，可提高水温或延长冲煮时间，但须保持之前的咖啡粉与水的比例。

冲泡咖啡管理表的九宫格图解

觉得冲泡咖啡管理表所说的金杯准则很复杂吗？利用下面的九宫格图解，能帮助你快速理解这一准则。

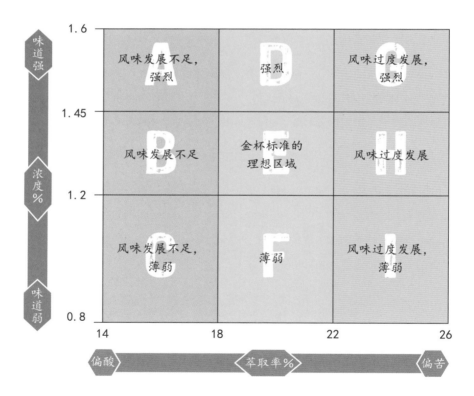

想煮好咖啡，
好水跟好豆子一样重要

在开始冲煮前，最后叮嘱大家：想煮好咖啡，好水跟好豆子一样重要。咖啡浓度有一个拗口的定义：浓度是咖啡之中非水的百分比，咖啡萃取物质的浓度是1%～1.5%，从这非水部分的百分比，可以推算出一杯咖啡之中水的占比是98.5%～99%。

在近10年的咖啡研究中，许多咖啡工作者都将心力投入了冲煮用水的研究领域。原因无它，正是因为水对于风味的影响不亚于其他冲煮条件。近年来，参加世界大赛的选手们也开始使用自己调制的咖啡用水，因为在所有冲煮条件相同的情形下，仅仅是改变用水，就可以轻易让咖啡的风味迥异。这也是我在几次开设水质滤芯品饮会的体验活动中，得到的真实体验。我们在鸣草咖啡馆举办的水质体验会上，会使用过滤水厂商提供的不同款滤芯来改变水质。我们发现，不同滤芯过滤出的水会使同一种咖啡释放出完全不同的调性，有点像是同一段旋律的乐曲忽然转了调，令人惊讶的是，连零基础的品饮者，在现场也能够喝出水对咖啡风味造成的影响。

水影响了咖啡萃取率及味道

水对于咖啡的影响简单来说有两个：第一是影响萃取率，基本上除了蒸馏水之外，所有从管道取得的水都含有矿物质，水作为咖啡的溶剂，如果溶剂本身的矿物质含量高，会造成咖啡中的物质无法在水中释出，从而降低萃取率，反之则提高萃取率。第二是影响味道，根据近期的研究报告已经可以知道，水里面带有矿物质的品种对咖啡味道的具体影响。比如，水中的镁会提升咖啡酸的明亮度，并且使花香、柑橘调性的风味突出；钙则会提升咖啡的甜感，并且让深色水果的风味变得明显；碳酸盐类矿物质则会提升咖啡的口感，降低酸质。

不建议使用在冲煮上的水

在家获取冲煮咖啡的好水并不是太困难，一般经过净水滤芯过滤的水已经是不错的咖啡冲煮用水。不过有几种水不建议冲煮使用。第一种是逆渗透的"纯水"，因为这是已经接近零矿物质的纯水，冲煮时不容易达到理想的萃取率。第二种是"蒸馏水"，与纯水一样，蒸馏水的矿物质也是低于理想值的。第三种是电热水壶（保温壶）的水，要特别注意这类水的新鲜度，有的家庭电热水壶长期保温，里面的水可能静置了较长时间。如果使用这类电

器加热的水，要经常更换壶中的水以保持新鲜度，新鲜的水冲煮出的咖啡绝对比不新鲜的水冲煮出的美味。

另外，如果你也认同水质的重要性，还可以上网搜寻自己家的水质硬度与总固体溶解量（TDS，Total Dissolved Solids）。就像台湾地区虽然幅员不大，但是每个地方的水库与自来水的水质大不相同，知晓自家的水质可以帮助你在冲煮上多一份把握。

如果你对咖啡用水还想了解更多，可以拜读英国咖啡师马克斯韦尔·科隆纳-达什伍德（Maxwell Colonna-Dashwood）所著的《咖啡之水》（*Water for Coffee*），以及澳洲咖啡师山姆·克拉（Sam Corra）对于冲煮水质的研究。

好了，看完这个章节，相信大家对于萃取已经有了充分的认识和了解，有了密传心法，我们开始练功吧！

手冲萃取——器材选购篇

　　蓝瓶咖啡（Blue Bottle Coffee）的创办人詹姆斯·费曼（James Freeman）说得好："你不应该让机器帮你冲咖啡，因为那就等同于把一块上好的牛排交给微波炉料理。"如果是普通的廉价咖啡豆，那么用机器煮我们一点都不会心疼。但倘若你买的是优质的精品咖啡豆，却因为各种原因而选择使用咖啡机冲煮，实在是非常可惜的一件事情。因为，机器不懂你的咖啡。

　　如果说星巴克咖啡从意大利撷取了意式咖啡萃取的技术与快速稳定的冲煮精神的话，蓝瓶咖啡则是把带有浓厚日本气息的手冲咖啡引进了西方世界。蓝瓶咖啡无论今天店铺外有多少人在大排长龙，里面的咖啡师仍旧是屏气凝神，手执手冲壶，一点一滴非常细腻地完成每一杯咖啡的冲煮。蓝瓶咖啡用它的"慢"征服了世界各地的咖啡迷，也用它的"慢"精神颠覆了普通咖啡馆的"快"价值。

谁发明了手冲咖啡？

　　手冲咖啡在英文中有两个词可以表示，一个是"Hand Drip Coffee"，意思比较接近通过手将水滴入咖啡粉，另一个词则是"Pour-over Coffee"，这个词的重点在冲咖啡时浇灌、倾倒的动作。手冲的时候，手会

拿着热水壶，将热水倒进放有咖啡粉的滤杯中，咖啡在滤杯中被萃取，滴落进下方用以承装液体的玻璃壶。

据说，这种咖啡冲煮法最早是一位名叫梅琳达·本茨（Melitta Bentz）的咖啡爱好者发明的，咖啡史上第一代的手冲是利用金属滤杯搭配墨水纸（而且这张纸还是她从儿子的作业本上撕下来的）制成的。这样一个看似简单的方法，却再度掀起了一次家庭咖啡冲煮的风潮。梅琳达在1908年发明手冲的时候，法式滤压壶早在1852年就已经问世了，这两种冲煮器材都成功地过滤掉了扰人的咖啡渣，但是使用了滤纸的手冲因为吸去了咖啡中较多的油脂，让整杯咖啡的风味变得更干净明亮，从而成功吸引了众多的粉丝。时至今日，咖啡厅主流的冲煮方式也是手冲。

煮一杯手冲咖啡需要什么？

在我看来，手冲咖啡与意式咖啡都能够煮出咖啡的精华，但是相较价格动辄数万元起的意式咖啡机，准备一套手冲咖啡的用具实在是平易近人的奢华。以下我会为大家列举一些咖啡用具，在说明这项工具的功能以及选购标准的同时，也会标注这项用具的必要性（以5颗星为标准，星星越多越重要），以供你参考。

咖啡熟豆 ★★★★★

烘焙好的咖啡豆绝对是重要且必备的材料，完整未经研磨的咖啡豆才能够锁住香气，尽量不要购买已磨好的咖啡粉，因为咖啡的香气会在研磨成咖啡粉的30分钟以内快速地挥发。手冲的时候，如果使用的是已经研磨好的现成咖啡粉，那么我们萃取出来的也只是咖啡的一缕"残魂"而已。如果不方便研磨，建议购买新鲜制作的挂耳式滴滤包。否则，你真的不需要大费周章搬出整套手冲工具，然后冲煮一杯剩下一点点香气的手冲咖啡。

水 ★★★★★

水的重要性完全不亚于咖啡豆本身，因为水是萃取的主角，使用好的水

滤纸的发明，开启了另一波咖啡冲煮的风潮。

若没时间研磨咖啡粉，不妨利用现成挂耳咖啡，轻松冲煮咖啡。

可以事半功倍地煮出更好喝的咖啡。居家冲煮时，若能将自来水先经过滤水器过滤后再煮沸使用，也是不错的选择。

磨豆机 ★ ★ ★ ★

我认为磨豆机是手冲的灵魂之窗。好的研磨可以让你完整、不失真地感受咖啡的美好品质，反之，不好的研磨则会让你"雾里看花"。虽然朦胧也是一种美，但不适用于手冲咖啡，因为模糊的风味表现会让你无法判断自己的技术是否有问题，也无法得知自己的冲煮技术有没有进步。

磨豆机不仅是必要的，也是值得投资的手冲器材。选购磨豆机主要考量三个方面：一是"驱动方式"，二是"颗粒均匀度"，三是"颗粒形状"。

磨豆机选购重点①｜驱动方式

市面上有各种磨豆机，从驱动方式看可分为两种：电动式及手动式。手动式磨豆机的性价比通常比电动式磨豆机高。假设你预算1000块钱购买一台磨豆机，选择电动式磨豆机大概只能挑选到国产入门款，但是如果选手摇式磨豆机，可能还可以挑到日本制的中等款。

请依据自己的使用情形评估要购买的磨豆机类型。如果一天只是冲泡一杯咖啡，手摇式磨豆机就够用了，且相同的价位还可以买到性价比更高的机器。但是，如果一天要冲煮四五杯咖啡，或煮给很多人喝甚至是营业用，买一台电动式磨豆机更实际。另外，

手摇式磨豆机的轴承设计是否好上手，关系到研磨时的效率高低。

如果想要持续精进你的冲煮技术，使用电动式磨豆机可快速进行第二轮甚至第三轮的修正冲煮，不会因为懒得研磨而阻碍你冲煮上的进步。

手摇式磨豆机要注意轴承的设计，通常比较平价的手摇式磨豆机会忽略轴承的顺畅度，造成实际研磨的时候比较吃力。我甚至遇过有些轴承设计不良的手摇式磨豆机，要很费力才转得动，所以有些力气比较小的女性冲煮者根本转不动。电动式磨豆机则要注意扭力与转速，高档的磨豆机大多是"高扭力低转速"，其目的是为了减少研磨过程所产生的热力，因为热会加速香气的挥发。

磨豆机选购重点② | 颗粒均匀度

想要手冲一杯对味的咖啡，千万不要使用桨式磨豆机。

因咖啡豆的形状各异，使用任何磨豆机进行研磨时都会产生颗粒大小不一的情形。居家冲煮时，只需注意磨豆机中不要出现太多细粉——那些你在磨豆机里看到的最细微的粉末，如果细粉太多，很容易造成手冲过程中堵塞，严重影响萃取的流畅度，让咖啡因过度萃取产生苦味与杂涩感。

购买的时候一定要避免选择桨式（刀片式）磨豆机，这种磨豆机从外观可看到底部有两片像直升机螺旋桨的刀片，很像拿来切割水果的榨汁机。这种磨豆机没有刻度调整的设计，只能通过开关来控制刀片运转的时间。使用这种磨豆机，你很难掌握理想的颗粒粗细研磨程度，且在研磨过程中会因发热而让咖啡粉的香气大量流失。

手动式磨豆机通常会有可以调整研磨度的设计，因为没有特别标记数字或说明而常被忽略，建议购买前询问店家如何调整研磨度，避免用不对的研磨度煮咖啡。电动式磨豆机有非常明显的刻度盘，但就算上面有数字还是要注意观察实际研磨出的咖啡粉的颗粒大小，因为刻度盘的设定会随着使用次数的增加渐渐失准，所以用了半年到一年以后，建议请店家为你的电动式磨豆机重新校正刻度。

磨豆机选购重点③｜颗粒形状

除了完全不推荐的桨式磨豆机，其他任何磨豆机都是用两片刀盘进行研磨的。刀盘大部分都是一块有两面的金属片（少数是陶瓷材质的），一面是没有任何刻纹的平面，另一面则是用来研磨咖啡的，有锋利的纹路。这些磨豆机都是通过控制两片刀盘的距离，来调整研磨出的咖啡粉的粗细。刀盘的设计会影响咖啡豆变成咖啡粉的形状，不同形状的咖啡粉会造成不同的口感变化。以下介绍三种不同刀盘的磨豆机的特色。

◆平刀式

平刀式磨豆机常见于一般电动磨豆机。平刀盘由两块相同形状的刀盘组合而成，一块刀盘固定在底座，另一块则通过轴承由马达直接驱动。咖啡豆接触刀盘时会被刀盘上的锋利牙纹切开。平刀式磨豆机主

要利用"切割"的方式完成研磨，它磨出的咖啡粉颗粒接近片状，像刀削面从面团削下来的片状。这种利用切割产生的片状咖啡粉，在相同粗细的条件下，与水接触的面积比较多，从而萃取率更高，可以快速冲煮出咖啡的香气与口感，但也容易使咖啡过度萃取。

◆锥刀式

锥刀式磨豆机常见于手摇磨豆机中以及意式咖啡的磨豆机中。它是由两块构造不同的子母刀盘组合而成，子刀盘的形状像锥子，母刀盘则像甜甜圈，中间有镂空的同心圆。锥刀刀盘运转的

时候，母刀盘会被固定在磨豆机上，而子刀盘由马达驱动。咖啡豆接触刀盘时，子、母刀盘利用各自不同的牙纹，以碾碎的方式进行研磨。经由碾碎所形成的咖啡粉接近颗粒状，且会出现许多不规则状的颗粒，虽然这种咖啡粉的萃取率会比平刀式磨豆机磨出的低，但是因为不规则的粒径分布，冲煮出的手冲咖啡更容易产生层次感与复杂度。

◆鬼齿式

鬼齿式刀盘算是平刀刀盘的变形。设计上也是由两块相同形状的刀盘组成，但是刀盘上的牙纹并不只有平面式刀锋，而是增加了许多突起的刀锋，当咖啡豆接触刀盘时，就不只有平刀的"切割"作用，也有锥刀的"碾碎"作用。鬼齿刀盘磨出来的咖啡粉，形状虽然接近锥刀式磨出的颗粒状，但

是颗粒的均匀度比较像平刀式，除此以外，一般家庭用的平刀式磨豆机会有极细粉过多的问题，鬼齿刀盘的磨豆机相较则降低了细粉的比例。听起来鬼齿式磨豆机好像兼具二者之长，实际上却

有一种"上不上，下不下"的尴尬。鬼齿式磨豆机没办法做到平刀式磨豆机优越的香气展现，也无法表现出锥刀式磨豆机复杂的层次性，虽然降低了细粉比有助于稳定冲煮，但整体表现中庸。

从风味效果总结三种刀盘的磨豆机，平刀式带来高萃取率、奔放的香气与风味；锥刀式磨出的不规则状颗粒带来复杂的风味展现，提供明显的风味层次感；鬼齿式的双重研磨设计将咖啡豆研磨成大小较为一致的颗粒状，产生厚实饱满的口感表现，并且通过低细粉比例，提高了入门者的手冲成功率。再次强调，磨豆机是非常注重个人体验的一项设备，本书中的介绍只是通过原理去演绎其风味的展现，实际上还是要依据个人经验去感受为佳。

由左到右分别为：锥刀式、鬼齿式、平刀式的电动磨豆机。

171

选择适合自己偏好的风味及口感的磨豆机

　　因为不同刀盘的磨豆机所研磨出的咖啡粉在冲煮上的表现各有不同，所以大家在购买磨豆机前最好先想想自己偏好的风味与口感再下手。如果不知道买哪一款，可多去一些咖啡店喝咖啡，同时与老板交流使用磨豆机的心得，接着把你喜欢的咖啡整理出来，看看这些咖啡店是不是都用某种类型的磨豆机。另一个方法操作起来比较困难，就是找到一间有平刀式、锥刀式、鬼齿式三种磨豆机的专业咖啡店，请老板用这三种机器为你煮同一款咖啡，这样你可以更快地找到适合自己的磨豆机。

滤杯 ★ ★ ★

　　滤杯的重要性仅次于磨豆机，并且高于手冲壶。如果说磨豆机像相机镜头的话，滤杯则像是相机滤镜。滤杯是手冲咖啡中热水跟咖啡粉接触的地方，滤杯有千万种造型，但是对于咖啡师来说滤杯的意义在于"控制水与粉

接触的时间"。在介绍萃取时我们提到，萃取的时间越长就会有越多的可溶性物质释放到水里。手冲咖啡中有两种方式可以改变萃取时间（也就是手冲的流速），其一是调整咖啡粉的粗细，其二就是使用不同的滤杯。滴滤式的冲煮需要精准地控制萃取时间——有的时候可能煮得不够久，有的时候容易煮过头，选择一款好的滤杯可以帮助你找到理想的流速。

滤杯设计上的不同，主要体现在三个方面：第一是容量大小，第二是材质，第三是形状。三者中，形状对风味的影响最大，容量大小只要合适自己所需即可，材质则依据个人审美喜好。此处的介绍重点还是会放在形状的差别上。

滤杯选购重点① | 容量大小

市面上的滤杯容量设计，通常是以"用来冲煮几杯咖啡"为标准，以一杯咖啡130ml为单位，如果你在滤杯的包装上看到"01"，就是用来煮1～2杯的咖啡，如果是"02"则是3～4杯量，"03"的滤杯比较少见，可以用来煮5～6人份的咖啡，比"03"更大的滤杯通常是定制版或者是特别版。每种容量的滤杯都有对应型号的滤纸，也可以把"02"滤纸放进"01"滤杯中，但会露出一大截滤纸在外面，也可以把"01"滤纸塞进"02"滤杯中，但滤纸的顶端会在滤杯的2/3高度左右处。还有一点要注意的是，不同容量的滤杯，投粉量不同，用"02"滤杯煮1人份的咖啡虽然也可以，但是很有可能因为滤杯太深的关系，导致水流碰到咖啡粉时已经开岔，流速下降，变成"拍打"咖啡粉，冲出的咖啡容易变得酸涩，所以还是依据自己的使用情形购买合适的滤杯为佳。

滤杯选购重点② | 材质

滤杯材质大概有几种：不锈钢、红铜、玻璃、陶瓷、树脂、食用级塑料、麦饭石等，如果要选择材质的话，可以从"保温性"与"携带方便度"

滤杯的材质多元，有玻璃、树脂、金属、陶瓷等多种材质，形状及造型也有多种选择。

来考虑。首先，每一种材质的导热能力不同，这就使得不同材质的滤杯保温能力不同，通常导热能力越好的材质，保温性就越低。因为大部分手冲测量水温的方式都是计算水在手冲壶里的温度，所以从壶中流出的水接触咖啡粉时，温度尽量跟所设定的数值接近为佳，而保温性越高的滤杯能够使你的冲煮越稳定。在知名品牌Hario V60的滤杯设计中，不同材质的V60滤杯虽然看起来造型一模一样，但是保温性跟流速都有细微的差别。其次，材质的另一个考量点是携带方便度，只要想想看哪一种滤杯材质不怕摔破，哪一种材质比较轻，就是方便携带的滤杯。

滤杯选购重点③｜形状

最后要讲到滤杯的设计重点：形状。市面上的滤杯造型大致分三类：常见的锥形滤杯、传统的扇形滤杯（也称梯形滤杯），以及新颖的波浪滤杯。滤杯形状直接影响到冲煮流速，不同形状的滤杯会有不同的内侧纹路，出水孔的形状、大小、数量也不一样。滤杯设计者就是利用沟槽与出水孔的不同调整咖啡吃粉的方式。滤杯内侧的那一面不是平滑的，有一条一条规则的突起线条在杯壁上延展开来，这些位于滤杯杯壁内侧的纹路称之为肋槽（Rib）。肋槽的功能是撑起吸水以后的滤纸以及咖啡粉，如果没有肋槽，滤纸会因为水和咖啡粉的重量完全贴合在滤杯杯壁上，使得侧边的咖啡粉无法排气，而肋槽可以增进排气的流畅度，进而提升流速。滤杯出水孔的设计通常会与滤杯形状以及肋槽设计互相搭配，出水孔越大流速越快，但是出水孔的数量不一定直接影响流速快慢，还要看肋槽的设计。以下介绍三种不同形状滤杯的特色。

◆ 锥形滤杯

锥形滤杯的造型就是圆锥状，顶部是一个较大的圆形，底部则是一个较小的圆形出水孔，剖面图的形状像三角形。这种滤杯的特征是底部没有平面，水在经过咖啡粉萃取后直接通往底下的出水孔，因为原本的设计流

速已经偏快，所以大部分的锥形滤杯不是将肋槽设计成曲线，就是将直线的肋槽缩短长度，使其变成短版肋槽。锥形滤杯较早的设计是短版肋槽，它改善了扇形滤杯萃取不均的问题，让滤杯中的咖啡粉能更均匀地吃水。直到Hario公司发明了划时代的V60锥形滤杯，才真正地让锥形滤杯影响了全世界的手冲咖啡。在精品咖啡的市场中，主流的咖啡师都是使用V60滤杯。V60滤杯有螺旋式肋槽和一长一短的主副肋槽，这种特殊设计改变了水的流动方式，并且增加了水经过粉层时的路径。V60滤杯可以帮助冲煮者增加咖啡的香气表现以及层次感，但是冲煮新手如果没有控制好注水的节奏，很容易造成萃取不足，使冲煮出的咖啡产生空洞感。

◆扇形滤杯

扇形滤杯顶部是一个圆形，底部则是线条形，剖面图看起来像扇状。扇形滤杯的特征是底部有一个平面，在这个平面上会有单个或多个出水孔，因为底部有平面，所以水停留在滤杯里的时间比锥形滤杯久。考虑到平底的特性，扇形滤杯多采用直线形肋槽，使空气加速排出，让流速可以加快。改良版的扇形滤杯会在底部的  平面增加一条肋槽，以助于排气。扇形滤杯容易煮出口感厚实的咖啡，能够充分表现深烘焙咖啡的风味特征，德国、日本传统的主流咖啡爱好者因为追求咖啡厚实口感的风味，通常会偏好使用扇形滤杯。

◆波浪滤杯

波浪滤杯（Wave）是知名咖啡品牌卡利塔（Kailta）的力作，虽然不及V60滤杯的划时代性与风靡程度，但是波浪滤杯也掀起了咖啡圈相当程度的热烈讨论，其一是因为它完全没有肋槽的颠覆性设计，其二是它容易入门却又兼具深度。波浪滤杯顶部也是一个较大的圆形，底部是一个较小有底的圆形，并且保留了三个小小的出水孔以及支撑滤纸的凸起沟槽。波浪滤杯最大的特点是没有内壁的肋槽。它通过特殊设计的滤纸进行排气。波浪滤杯的专属滤纸呈波浪状，有的人觉得它像蛋糕模具，它通过波浪形的褶边达到其他滤杯肋槽的排气效果。Kalita Wave滤杯的强项就是不管你注水的时候有没有均匀给水，它都会强迫水集中到中间的粉层，而手冲咖啡冲煮中有一项重要的步骤就是建立粉层，通过水让咖啡粉均匀地铺盖在滤杯的杯壁上，形成一道粉墙。有的冲煮新手因为还不熟悉用手冲壶注水，导致粉墙建立得不理想，但是Kalita Wave滤杯能直接帮你完成这个步骤，你只需要在滤杯的水快滤完以前补水，基本上煮出来的咖啡味道就不会太差。

手冲壶 ★★★

手冲壶的重要程度排在第三，与滤杯的设计一样，手冲壶也有大小、材质跟壶嘴形状三种差异。其中，壶嘴形状对风味影响最大，大小和材质则是附加条件。怎么选手冲壶呢？我的答案是：你喜欢就好。我的理由是，只有你喜欢这把手冲壶你才会常用它，手冲壶最大的意义在于你熟练使用它，能够把它变成手的延伸。你不爱它，把它束之高阁久久使用一次，那你的壶再贵、再高级也没有用。熟练使用它，让它成为你的手，帮你把咖啡好的味道通通召唤出来，才是手冲壶最重要的功能。

手冲壶选购重点①｜容量大小

大小上，想要买什么样的壶都没有关系，不过力气小或手部曾受过伤的朋友不要买太大的壶，因为实际使用时，壶身的自重加上所装水的重量拿起来会比较费力。一般来说，手冲壶的容量以1000ml为分界限，如果你的力气够大或者想要一次冲煮多杯咖啡，可以选择1000ml以上的手冲壶，普通人尽量选择1000ml以下的手冲壶。容量600ml以下的手冲壶我也不推荐，因为水量不够导致温度散失得比较快，同时在冲煮的后段手冲壶会因为重量感不够反而不好控制，所以推荐选择容量在600～1000ml的手冲壶。

手冲壶选购重点② | 材质

手冲壶的材质有不锈钢、铜、珐琅等，其中铜制手冲壶导热强、保温性差。但是从对保温性的影响来说，容量大小比材质影响更大，越大容量的手冲壶保温时间越长，但操控起来不太容易。另外，铜制手冲壶的保养比较费功夫，忙碌或者嫌麻烦的朋友建议买其他两种材质的手冲壶。

手冲壶选购重点③ | 形状设计

手冲壶的构造分成握把、装水的壶身，以及出水的壶嘴。选择握位设计良好的手冲壶会让你操作起来事半功倍，不用花太多时间去适应提壶。壶身的设计大致有两种：直筒形和上窄下宽形，这两种壶差异不大，不过后者可以用更小的倾斜角度将水逼出壶嘴。手冲壶最重要的是壶嘴部分的设计，根据壶嘴的设计可分为细口手冲壶与宽口手冲壶。细口手冲壶的特征是壶嘴开口小，连接壶嘴与壶身的壶颈，宽度是完全相同的。使用细口手冲壶就像骑一辆平稳的自行车一样，容易操控，变化性小，即使你还不太熟悉提壶，水流的大小粗细还是比较一致的，只要稍微克服手抖的情形，稳定给水很容易。宽口手冲壶的特征是开口大，壶颈离壶身近的部分较粗，离壶嘴

手冲壶的大小、材质、壶嘴形状都是选购时要考虑的重点，但壶嘴宽窄对出水粗细及稳定度的影响尤为大。图中前排左边为细口壶，右边为宽口壶。

近的部分较细。使用宽口手冲壶感觉就像驾驭一匹有野性的好马，因为宽口手冲壶对握位和壶身倾斜角度非常敏感，能忠实表现你的细微改变，所以很多新手使用宽口手冲壶都会出现注水不均的情形。但是，只要你驯服了这匹"野马"，它能够展现的冲煮方法与可能性就非常多。宽口手冲壶的水流也更容易穿透粉层进行扰动，对释放咖啡香气大有裨益。

一把好的手冲壶，关键在于适合自己使用，能稳定注水。

滤器 ★★★

滤器有三种材质：金属滤网、滤纸以及法兰绒滤网。滤纸因为使用便利且能够冲煮出干净风味，是目前手冲的主流滤器。购买滤纸时要注意其形状、大小是否与自己的滤杯吻合，买错的滤纸虽然也可以使用，但是因为无

由左至右的三种滤纸依形状分别为波浪形、锥形、扇形，另外滤纸根据制作工艺还分为无漂白的褐黄色滤纸及漂白的白色滤纸。

法贴合滤杯，会使滤杯原本的冲煮效果大打折扣。

滤纸还分成无纸浆漂白、纸浆漂白两种，无漂白的滤纸呈纸浆的褐黄色，漂白过的滤纸则是白色。某些廉价品牌的滤纸带有非常强烈的纸浆味，强烈到会影响咖啡本身的味道。我们可以用下面的方法检测滤纸是否有纸浆味。将滤纸置入滤杯之中，但是不要放咖啡粉，滤杯底下放一个承装液体的杯子，用高温的水浇淋在滤纸上；等到所有的热水都穿过滤杯以后，闻闻过滤后的水是否带有纸浆味；等到热水稍凉以后，再浅尝一口过滤后的水有没有纸浆味。另外还需要注意的是，滤纸在放入滤杯前要先折成滤杯的形状，以免接缝处不能完全贴合。

不同材质的滤器比较		
	金属滤网	滤布（法兰绒、无纺布）	滤纸
种类			
孔眼	大	中	小
优点	冲煮出的咖啡保留了最多的咖啡口感（Body）与滑顺感	冲煮出的咖啡保留了咖啡内的咖啡油脂，有醇厚感	冲煮出的咖啡有澄澈感，干净度高
缺点	底层会喝到少许的咖啡渣	每次用完必须清洗干净，否则影响风味	带有纸浆味，使用前最好先用水冲一下

◆锥形滤纸折法

将锥形滤纸的侧边接缝处沿边折齐，撑开滤纸略微压平，将突出的底部滤角尖往另一方向反折，使之更贴合滤杯。

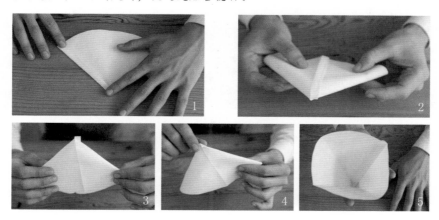

◆扇形滤纸折法

扇形滤纸有两个接缝处，两边分别折向不同方向。先折滤纸侧边接缝处，再转到另一面，折起下方的接缝处，然后将滤纸撑开，将底部两端往内凹，使之更贴合滤杯。

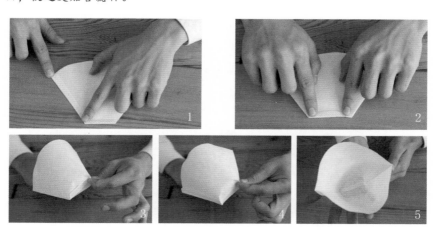

温度计 ★★

温度计是选配器材中的首选，因为水温的高低会对萃取率产生实质性影响。有些朋友会用"水煮沸后等几分钟"的方式代替温度计，但是这种方式会因为季节产生误差值，最好还是买一支简便的温度计放入手冲壶内直接测量水温。

杯测师笔记
其他材质的滤器

不同材质的滤器创造的咖啡风味各有特色，像意式咖啡独有的"克里玛"（Crema），只有通过金属滤器才能够完整保留。挂耳咖啡包的过滤材质是无纺布，在一定程度上也能让冲煮出的咖啡具有醇厚感。此外，市面上还有用陶瓷手工制作的滤器，例如德国"卡尔斯巴德壶"，冲煮出的咖啡风味比较接近金属滤网。日本人还发明了麦饭石滤器，这种滤器跟滤布一样能够完全阻隔咖啡粉末，缺点是冲煮时间较久，易出现积水的状况。

量秤　★★

量秤是标准化冲煮的重要工具，它可以让你清楚地知道使用了多少重量的咖啡粉，以及萃取出多少重量的萃取液，帮助你计算出粉水比。有了粉水比，你就可以比较精准地掌握自己喜好的咖啡浓度。标准的豆勺也能部分取代量秤的功能，但同样体积的咖啡豆，烘焙较深的重量会比烘焙较浅的轻。市场上有许多不同等级的量秤，有的单纯测重量，有的还会附带计时功能，还有一种是能够连接手机软件的"智能咖啡量秤"。这种量称可以通过感应的方式用语音指导冲煮，很像是手冲咖啡的"导航定位系统"。

豆勺　★

豆勺可有可无，而且很多时候买其他器材的同时就会附赠一支豆勺。豆勺的用途是可以避免手直接碰触到原豆。另外，比较长的豆勺可以伸进咖啡豆袋内舀出豆子，比起直接倒出豆子的方式，减少了豆袋内空气的扰动。

承装咖啡的玻璃壶　★

在滤杯的底下必须放上一个用以承装咖啡的容器，我建议最好使用玻璃材质的咖啡壶，因为这种材质最不容易染上异味。如果是在咖啡器材店购买的玻璃壶，通常有标记容量与份数的记号，方便冲煮者知道什么时候结束冲煮。

手冲萃取——实作篇

本篇旨在帮助大家提升冲煮技能，学会利用不同工具的特性来冲煮出对味的咖啡。但我希望你看完这本书，对冲煮咖啡有了大致的了解以后，可以多搜集网络上的咖啡师冲煮示范视频观看，你也可以到我们鸣草咖啡馆网站的影音频道上去观看这些示范视频。如果你行有余力，许多咖啡馆也会开设基础的手冲班，你可以挑选一间方便、邻近的咖啡馆去上课学习，前提是你喜欢他们的咖啡。

居家简易型冲煮

适合只想要手冲咖啡简单、生活化的朋友，任何新手都适用。

器材需求

☑ 能够调整研磨粗细的磨豆机

☑ 新鲜的水与咖啡豆

☑ 任何一款滤杯与手冲壶

☑ 没有纸浆味的滤纸

☑ 马克杯或者任何容器

冲煮条件

水温：88℃（或将煮沸的水倒入冷却的手冲壶，静置30秒左右）

研磨度：中等研磨

粉水比：1：14（以一平匙咖啡匙的容积比一咖啡杯的容积进行换算）

冲煮时间：2分30秒（也可不计算冲煮时间，只要滤杯内不积水即可）

注水次数：3次

> 将目标量的原豆投入磨豆机进行研磨，每次投入的最少粉量建议是15～20g（1.5～2平匙），如果低于最少粉量萃取，新手在注水的时候就难以操控水流。
>
> 每次冲煮前，别忘了预热滤杯以及咖啡杯：先折好滤纸并且使其贴合滤杯（方法参见前文），同时用热水将滤纸完全濡湿，再将水倒掉。

冲煮步骤

1 将咖啡粉投入滤杯中，轻拍滤杯使粉层表面平整。

2 第一次给水，从粉层的中心点，即粉层最厚的地方开始，沿顺时针方向向外绕圈，在接近杯壁的地方停止。注意手冲壶壶嘴的位置要尽量贴齐滤杯上缘，以最小的力道，就像把水铺上去一样给水。

3 静置片刻，此时咖啡粉会因为吸入热水开始排气膨胀，等待时间为结束注水后的20 ~ 30秒，以粉层表面失去光泽作为第二次注水的起始点。

4 第二次给水，壶嘴位置要比第一次注水时上移2 ~ 4cm，同样以沿顺时针方向向外绕圈的方式从中心开始给水，此时粉层会随着水位上升一起移动，当水面高度低于滤杯上缘1cm时停止给水。

5 静置片刻，水位会随着滤杯内的水流出而下降，此时会看到粉层在杯壁周围形成粉墙。第三次注水的时机是在水即将流干以前。

6 第三次给水，与第二次给水方式相同，在水位上升至粉墙最高处前停止给水。

7 当滤杯流出目标水量时，将滤杯移置到另一个马克杯上，冲煮即完成。

聪明滤杯的应用——镜子冲煮法

　　想要降低手冲失误率、了解咖啡豆本身特性的朋友，使用聪明滤杯进行冲煮可以减少人为冲煮造成的变因，达到稳定萃取的目的。对于想要冲煮技术进阶的朋友，聪明滤杯像是一面镜子，可以预先让你知道咖啡本身的味道，当你在设计风味与参数的时候可以依据聪明滤杯的风味表现进行调整。

器材需求

☑ 能够调整研磨粗细的磨豆机
☑ 新鲜的水与咖啡豆
☑ 聪明滤杯以及任何一款手冲壶
☑ 聪明滤杯专用滤纸
☑ 马克杯或者其他容器

冲煮条件

水温： 88℃（或将煮沸的水倒入冷却的手冲壶，静置30秒左右）

研磨度： 中等研磨

粉水比： 1：14（以一平匙咖啡匙的容积比一咖啡杯的容积进行换算）

冲煮时间： 4分钟

注水次数： 2次

> 　　聪明滤杯的出水阀设计在滤杯的底部，只有当滤杯放置在咖啡壶或马克杯上时才会出水，未放在类似器皿上时，出水阀是自动关闭的，所以在冲煮前或结束时，只需要将聪明滤杯放置在桌面上，底下不用放杯子。

冲煮步骤

1 折好滤纸并且使其贴合滤杯，同时用热水将滤纸完全濡湿后，将水倒掉。

2 将咖啡粉投入滤杯中，轻拍滤杯使粉层表面平整。

3 第一次给水，从粉层的中心点，即粉层最厚的地方开始，以沿顺时针方向向外绕圈的方式给水，在接近杯壁的地方停止。注意手冲壶壶嘴的位置要尽量贴齐滤杯上缘，以最小的力道注水，像是把水铺上去一样。

4 静置片刻，此时咖啡粉会因为吸入热水开始排气膨胀，等待时间为结束给水后的20～30秒，以粉层表面失去光泽作为第二次给水的参考起始点。

5 第二次给水从中心开始，以沿顺
时针方向向外绕圈的方式给水，
加水至滤杯的上缘处。

6 静置4分钟。

7 将聪明滤杯放置在杯子上，出水阀
自动开启，此时咖啡就会从滤杯内
流出。当滤杯内的咖啡完全流入杯
中即完成冲煮。

进阶滤杯的应用——波浪滤杯

对于已经熟悉基础滤杯冲煮法还想要进阶的朋友，波浪滤杯是所有滤杯之中相对容易上手的一种，可以先从波浪滤杯开始练习进阶的手冲技巧，算是从入门进阶到专业冲煮的过渡滤杯。

器材需求

☑ 能够调整研磨粗细的磨豆机

☑ 新鲜的水与咖啡豆

☑ 波浪滤杯以及任何一款手冲壶

☑ 波浪滤杯专用滤纸

☑ 咖啡玻璃壶

☑ 量秤

☑ 温度计

冲煮条件

水温：92℃（用高温的水手冲对注水的均匀度与稳定度要求更高，给水时要避免水量忽大忽小）

研磨度：中等偏粗研磨

粉水比：1：14（示范比例为咖啡粉18g、水250ml）

冲煮时间：3分钟

注水次数：3次

> 波浪滤杯的滤纸是不需要折的，可以直接放进滤杯之中，但是要注意让滤纸的底部贴合滤杯。波浪滤杯的特性在于帮助冲煮者建立匀称的粉墙，使萃取变得更均匀，加上其冲煮比较接近浸泡式，所以给水时不要绕到太外圈，以免将粉墙冲坏。

冲煮步骤

1 放入滤纸并使其贴合滤杯，同时用热水将滤纸完全濡湿，再将水倒掉。

2 将咖啡粉投入滤杯中，轻拍滤杯使粉层表面平整。

3 第一次给水，从粉层的中心点也就是粉层最厚的地方开始，沿顺时针方向持续绕圈（注意不必向外），给水36ml。

4 静置片刻，此时咖啡粉会因为吸入热水开始排气膨胀，等待时间为结束注水后的20 ~ 30秒，以粉层表面失去光泽作为第二次给水的参考起始点。

5 第二次给水以从中心沿顺时针方向
向外的方式给水，绕圈范围控制在
比五角硬币①的直径稍大即可，以
免给水到波浪滤纸的边缘处，给水
至150ml。

6 静置片刻，在水即将流干前进行第三
次给水。

7 第三次给水至250ml，等待滤杯内
的水完全流干，即完成冲煮。

①注，此处指在台湾地区流通使用的5角硬币。

196

进阶滤杯的应用——扇形滤杯

扇形滤杯的强项是冲煮出的咖啡在口感与甜感上表现较好。在鸣草咖啡馆的吧台里，我们会利用扇形滤杯来表现日晒咖啡的醇厚口感，因其能带出日晒咖啡深色莓果调性以及干果调性的风味。除此以外，扇形滤杯也适合冲煮某些深烘焙的咖啡，在理想的冲煮条件下，它可以将深烘焙的甘醇韵凸显出来，借由明显的回甘平衡原本的苦味。

器材需求

☑ 建议使用鬼齿式或锥刀式磨豆机（一般家用平刀式磨豆机的极细粉太多，会把滤杯小小的出水孔塞住）

☑ 选用钙离子较多的冲煮用水（可用标示矿物质含量的市售矿泉水）

☑ 粗口手冲壶（建议使用Kalita大嘴鸟手冲壶、月兔印手冲壶、Kalita铜制鹤嘴壶）

☑ 扇形滤杯
☑ 扇形滤纸
☑ 咖啡玻璃壶
☑ 量秤
☑ 温度计

冲煮条件

水温： 91℃

研磨度： 中等研磨

粉水比： 1∶15（示范比例为咖啡粉20g、给水300ml）

冲煮时间： 2分45秒

注水次数： 4次

使用扇形滤杯的难点在于给水节奏一旦不对，或者第一次给水时排气不顺，就会影响到冲煮后段的流速，让咖啡变得又苦又涩。我推荐选购由日本咖啡师田口护先生与三洋产业共同研发的"三洋有田烧扇形滤杯"。这款滤杯冲煮相当流畅，田口护先生针对扇形滤杯在实用上的劣势进行了改良，比起其他品牌的扇形滤杯，这款滤杯不容易积水，避免了因为冲煮后段积水而破坏咖啡风味。

冲煮步骤

1 折好滤纸并且使其贴合滤杯，同时用热水将滤纸完全濡湿，再将水倒掉。

2 将咖啡粉投入滤杯中，轻拍滤杯使粉层表面平整。

3 第一次给水，从粉层的中心点也就是粉层最厚的地方开始，沿顺时针方向向外绕圈，绕圈的形状要接近椭圆，扇形滤杯的杯底像一条直线，给水方式就是绕着这条直线画圆弧，给水量不要超过40ml。

4 静置片刻，此时咖啡粉会因为吸入热水开始排气膨胀，等待时间为结束注水后的20 ~ 30秒，以粉层表面失去光泽作为第二次给水的参考起始点。

5 给水至100ml，给水方式同第一次给水，第二次给水的目的是要将粉层中的空气继续排出。待粉层表面失去光泽，进行第三次给水。

6 第三次给水至220ml，绕圈方式与第二次给水一样，水量比第二次更大，要看到咖啡粉颗粒在水中翻动，此时的水位有助于建立粉墙，等到液体快要过滤完的时候进行第四次给水。

7 第四次给水至300ml，与第三次的给水方式一样，但是力道比第三次更大，让粉层翻动得更剧烈，迫使底层的咖啡粉与表层的咖啡粉融合。

8 用扇形滤杯冲煮时不需要等水完全流干，可以在达到理想水量以前就将滤杯移开。

进阶滤杯的应用——锥形滤杯

　　锥形滤杯是目前精品咖啡界的主流滤杯，因为它的设计就是为了尽量萃取出咖啡的香气与甜感。在鸣草咖啡馆的吧台里，我们会利用锥形滤杯来冲煮水洗或者蜜处理咖啡，用以突出其奔放的香气与丰富度。除此以外，鸣草咖啡馆的配方调和豆以及中浅烘焙的咖啡豆也习惯使用锥形滤杯。在理想的冲煮条件下，锥形滤杯可以表现出咖啡的干净度以及活泼的酸质。

器材需求

☑ 建议使用平刀式磨豆机（研磨度可以比扇形滤杯略细一点）

☑ 选用镁离子较多的冲煮用水（可用标示矿物质含量的市售矿泉水）

☑ 锥形滤杯

☑ 锥形滤纸

☑ 任何一款手冲壶

☑ 咖啡玻璃壶

☑ 量秤

☑ 温度计

冲煮条件

水温： 93℃

研磨度： 中等偏细研磨

粉水比： 1：12（示范比例为咖啡粉20g、给水240ml）

冲煮时间： 2分30秒

注水次数： 5次

> 　　在众多造型的锥形滤杯中，我偏好使用" Hario V60 陶瓷版滤杯"以及"三洋花瓣滤杯"，另外"钻石滤杯"也是不错的选择。通常我会利用多次断水法来控制锥形滤杯的流速，进而改良萃取的效果。当你的给水技术已经炉火纯青时，不妨试用96℃高温水的一刀流冲煮法，这个方法是在第一次给水排气以后，不断给水直到冲煮结束的玩家煮法。

冲煮步骤

1 折好滤纸并且使其贴合滤杯，同时用热水将滤纸完全濡湿，再将水倒掉。

2 将咖啡粉投入滤杯中，轻拍滤杯使粉层表面平整。

3 第一次给水，从粉层的中心点也就是粉层最厚的地方开始，沿顺时针方向持续向外绕圈，尽可能让咖啡粉表面都吃到水，因为锥形滤杯的粉层表面积通常比扇形滤杯的稍大。给水45ml。

4 静置片刻，此时咖啡粉会因为吸入热水开始排气膨胀，等待时间为结束给水后的20～30秒，以粉层表面失去光泽为第二次给水的参考起始点。

5 第二次给水至120ml，用小水柱快速地沿顺时针方向向外绕圈，让水可以尽快将咖啡粉带至滤杯高处形成粉墙，等到滤杯中液体快要滤干的时候进行第三次给水。

6 第三次给水至160ml，用小水柱快速地沿顺时针方向向外绕圈，等到滤杯中液体快要滤干的时候进行第四次给水。

7 第四次给水至200ml，方式与前一次相同，等到滤杯中液体快要滤干的时候进行第五次给水。

8 第五次给水至240ml，方式与前一次相同，等到滤杯内的液体都滤干，即完成冲煮。

手冲咖啡Q&A

1 手冲之前要不要浸湿滤纸?

保持浸湿滤纸的习惯比较好。有的时候滤纸的纸浆味只有在冲煮时才会释放，我们不会每次冲煮前都测试滤纸是否有纸浆味，但不代表不浸湿滤纸是错的，原因有二。第一，比较高级的滤纸已经去除纸浆味；第二，咖啡粉在碰到湿滤纸的当下其实就已经在进行萃取了，所以尽量不要把咖啡粉放入湿的滤纸后，才去煮水或者做其他事情。

2 为什么咖啡尝起来很酸?

如果咖啡尝起来很酸，第一种可能，使用的豆子以酸为主调性，或者你本身其实不嗜酸，若是因为这个原因，更换咖啡豆是最有效的方法。第二种可能，你能够接受果酸，而且这款咖啡别人煮出来也没那么酸，那多半是因为你的咖啡萃取不足，造成咖啡的整体口味不平衡，导致你喝起来觉得特别酸。这种情况解决的方式就是利用"温度""研磨度""时间"三个变因去调整萃取率。第三种可能，冲煮用水的水质造成这杯咖啡特别酸，如果你调来调去咖啡还是很酸，但是别人冲煮都没有这个问题，你可以到超市买瓶矿泉水再煮一次，可能是你家的水质造成了酸味明显的结果。

3 为什么咖啡尝起来很苦?

先问自己有没有买对口味合适的豆子，再来考虑调整冲煮。造成咖啡苦的大部分原因是萃取过度，可以通过"温度""研磨度""时间"三个变因去调整萃取率。苦味也可能跟水质有关，如果你怎么煮还是没有改善，换种水试试看。

4　为什么咖啡尝起来很涩？

　　涩感的问题非常复杂，有多种原因会造成涩感。一，原料问题，在咖啡生产的过程中有太多未成熟的瑕疵豆混入成品之中，造成冲煮出的咖啡有生涩感。二，烘焙时不正确地加温，造成咖啡豆未完全烘熟。三，手冲时，给水的水流忽大忽小，造成过度萃取。四，磨豆机的细粉太多，造成过度萃取。五，冲煮用水是软水，造成过度萃取。前两种情况可以利用聪明滤杯的煮法或者杯测进行分辨，第三、第四种情况则有赖于你自己的观察，第五种情况可以询问所使用滤水器的厂商，或者上网搜寻居住地的水质。

5　手冲壶壶嘴离滤杯很远会造成什么影响？

　　有的人冲煮时手冲壶离滤杯很远，像冲印度拉茶一样，这种注水法比较像是在"掴"咖啡的脸，没有人被打脸是高兴的，所以咖啡也不会给你"好脸色"看。那手冲壶和滤杯保持什么样的距离才是正确的冲法？其实细心观察你会发现，每一种手冲壶壶嘴倒出的水流都有极限距离，一旦超过那个距离水流就会开岔，开岔以后的水就不是水流而是水滴了。在手冲咖啡中，水滴没有穿透力，无法穿过粉层，如果你的给水水流常常开岔，就会导致粉层表面过度萃取，但是内部萃取不足的情形发生。建议把自己手冲的过程录下来，有的时候因为你太专心冲咖啡，根本不知道给水的水流是什么样子。

6　闷蒸是什么？

　　闷蒸是手冲的一个术语，是指冲煮时先用小水流让咖啡粉预先吃水达到排气的效果，这会让接下来的萃取更加顺畅。我更倾向使用"预浸"（Pre-brew）这个词，预浸越理想，后段萃取的成功率越高，反之，如果预浸阶段不理想的话，常常会导致后段的冲煮变得十分困难，所以这个阶段的给水手法是手冲技巧之中很重要的一环。

7 如果手冲的时候遇到积水堵塞的情况怎么办?

如果是在冲煮的当下发生堵塞,可以试试用更大的水柱把细粉冲开。如果冲煮时常常有积水的情形,原因可能如下:一,咖啡粉磨得太细或者磨豆机产生的细粉太多;二,你的预浸方式不对;三,滤杯设计不良。只要针对原因进行改善就可以解决积水的问题了。

8 为什么我煮完咖啡以后,粉层上面有一层像泥浆一样的东西?

那层"泥浆"就是吸水饱和后的细粉。其实冲煮完成后,吸饱水的细粉在表层是比较好的,如果这些貌似泥浆的东西出现在底部,则会让滤杯的积水非常严重。如果"泥浆"是以前没有而现在突然出现的,则代表你的磨豆机刀盘钝掉了。

9 咖啡豆要多新鲜才好?

刚出炉的咖啡豆虽然新鲜但不适合冲煮,因为太过新鲜的咖啡豆内部还有很剧烈的变化,也会因为排气旺盛造成萃取上的困难。除此之外,每一位烘豆师都有自家的烘焙方法,不同的咖啡豆养豆时间不同。依据我个人的经验与喜好,咖啡豆出炉后的两到三周会是最好的赏味期,但也有一些店家的豆子要放一个月才会达到风味高峰。因此,只能依靠自己的品尝经验来判断。

比起咖啡豆的新鲜度,更需要注意购买回来的咖啡豆保存在什么样的环境下。咖啡豆在"不透光""不接触空气""不接触湿气"的情形下保质期最长,如果你存放咖啡豆的环境刚好相反,即使这款豆子刚出炉没多久,也会快速地变质。

10 手冲要不要筛细粉?

如果影响到冲煮就筛吧,或者你觉得每次煮出来的咖啡口感都太涩,也可以筛细粉。但是细粉并不是完全的"反派角色",适量的细粉能够帮助咖啡提升层次感与香气,没有细粉的手冲虽然干净无杂味,却也可能香气平庸。

11 咖啡豆可以放冰箱保存吗?

可以,如果你有一台专门放咖啡豆的冰箱。

12 煮过的咖啡粉能不能再煮第二遍?

我拿一些比较顶级的咖啡豆做过尝试,如果用热水进行二次冲煮还会有很多香气表现出来。但是,大部分的咖啡豆在经过第一次萃取以后,已经把大部分好的物质冲煮出来了,二次萃取会出现比较多难喝的苦涩物质。

13 冲煮前，为什么要铺平咖啡粉？

如果粉层高低不平，容易造成流速不均，流速不均则萃取不均，冲煮出的咖啡就不会好喝。

14 要怎么判断冲煮使用的水温？

入门版的答案是浅烘焙的咖啡豆用92℃的高温水冲煮，深烘焙的咖啡豆用86℃的低温水冲煮。原因是浅烘焙咖啡豆的密度比较高，高挥发性的芳香物质较多，利用高温可以把这些物质萃取到咖啡中。而深烘焙咖啡豆的结构比较松散，高温冲煮很容易造成过度萃取，所以应使用低温的水。高阶版的答案是任何温度都可以，基本上只要控制好研磨度、温度、时间三者的关系，其实冲煮用水高温或低温都不是问题。

15 手冲给水的方式一定要是顺时针吗？

你可以试试看逆时针，如果觉得味道没有差别的话，代表两种方式都可以。我觉得煮咖啡是一种生活上的自由，太过刻板会丧失很多趣味性。

16 铜制的器材是不是保温性良好？

错。铜的导热程度仅次于银，所以热量会很快流失掉，不过因为导热度高，所以铜制的器材通常不会有温度不均的问题。

17 手冲的咖啡粉层要挖洞吗？

有些人觉得在咖啡粉层中间挖洞就可以让滤杯中间比较深的部分与外侧比较浅的部分达到平衡，根据我自己的试验来看，相同冲煮参数的情况下，有没有挖洞其实味道差别不大。比起挖洞，你更应该注意滤杯内的粉墙是否匀称。

18 为什么要使用温度计和秤？

不要把它们当作一种限制，要把它们当作你与咖啡对话的工具。当你通过这些工具知道更多讯息以后，你更能回应这款咖啡所要传达的风味。温度计与秤不仅能有效地帮助你修正冲煮，对于"稳定煮出好咖啡"也是很有帮助的。

19 可以不买手冲壶吗？

如果你拿茶壶倒出来的水很稳的话，不用手冲壶也可以，我自己就会使用一把3L的水壶冲煮手冲咖啡。不过奉劝新手在初期尽量使用一款顺手的手冲壶，它可以帮助你克服手冲时遇到的各种困难——手冲咖啡有太多变数，一把顺手的手冲壶可以减少变数，让你事半功倍。